一 点 巧 思， 打 造 不 凡 美 感

让餐桌更有魅力的
摆盘技巧

[日]宫泽奈奈 著　　李汝敏 译

中国轻工业出版社

前言

不过于死板地拘泥于形式，而是发自内心地去享受过程。

这便是我在摆盘时最关心的事。在为料理摆盘时，我总会想象顾客看到食物时欢喜的样子。这样，我就能够在摆盘的过程中始终保持愉悦的心情，萌发出更多新奇的创意。

当然，或许有些人只喜欢日式料理的传统风格，也有些人喜欢西餐的古典风格，而我却喜爱自由，酷爱摆盘后料理所展现出来的时尚感。

本书旨在向所有的读者们介绍各种节日场合所需的摆盘样式，同时也向大家推荐日常餐桌能够用到的创意摆盘，以及现代宴会所需的摆盘技法。

若本书能够对各位料理的完成有所贡献，在下便不胜欢喜。

— 宫泽奈奈

本书的使用方法

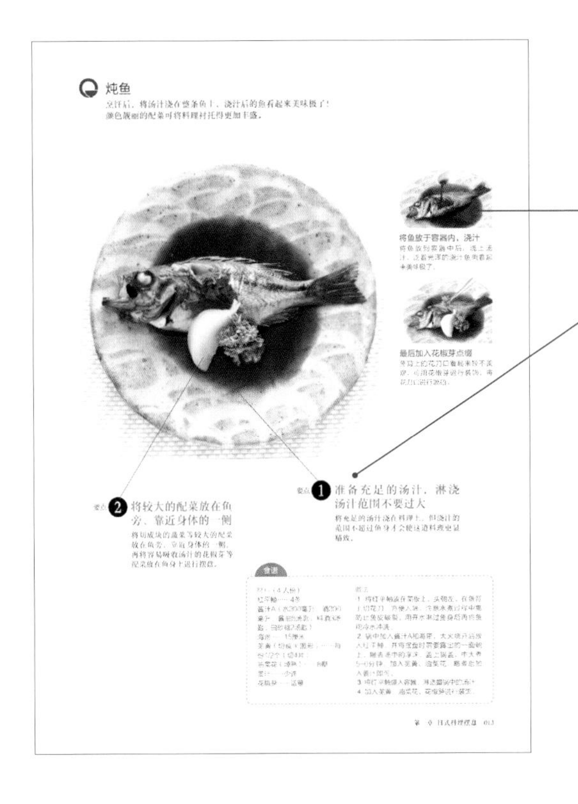

图文对照，详细介绍料理摆盘的过程。

料理摆盘的要点。不仅介绍该料理摆盘的技巧，还介绍最基本的摆盘方法。

料理的制作方法。在介绍制作料理用到的材料时，1汤匙为15毫升，1茶匙为5毫升，1杯为200毫升。当材料中没有特地强调使用哪种酱油时，默认其为浓口酱油。微波炉加热时间以使用600W挡加热的时间为基准。油温中低温为150~160℃，中温为170℃左右，高温为180~190℃。

* 日本料理中最常见的酱油分浓口酱油和淡口酱油。浓口和淡口的区分是在酱油的颜色上。浓口酱油的颜色比较深，应用也比较广泛，几乎在制作所有菜肴和酱汁时都会用到。淡口酱油颜色比较浅，味道比较重，一般放在不改变原料和酱汁颜色的菜肴里，一般应用比较少。日本料理里只有少量的酱汁是用淡口酱油制作的。浓口酱油可与中餐里的老抽替换，淡口酱油可与生抽替换。

料理所用器具的素材及其大小。

目录

第一章 日式料理摆盘

第二章 西餐摆盘

摆盘的效果超级棒!
普通饭菜变身宴会级别料理!

只需用叉子卷起面条
即可轻松打造出盘面的层次感

意大利面

马铃薯炖肉

根据食材的类别进行摆盘，
容器的留白也会别具一格、令人愉悦

牛油果塔塔酱沙拉

将其压入不锈钢环形模具中，
即可轻松制成一道前菜。

奶油蟹肉丸

在肉丸的下方、周围放置配菜……
可适当改变配菜的形状

因色彩而改变的摆盘外观

色彩是决定摆盘形象的重要因素之一。
先设计好想要呈现的摆盘样式，再决定使用什么食材会更好。

控制颜色数量，打造清冷的摆盘形象

所选取的食材和容器的颜色数量越少，摆盘的外观颜色就越统一。摆盘时，白色和绿色是极易被搭配的颜色。摆盘，应当避免使用暖色的容器，若选择优雅、单一的冷色，则效果更佳。

在沙拉中加入鱼肉后，加入所有绿色的配菜，香草和酱汁也统一为绿色。

在淡绿色的鱼羹中加入糯米圆子和绿色的黄瓜，给人以清爽的感觉。

使用多种色彩，打造多彩的摆盘风景

使用多种颜色的料理会营造出愉悦的用餐气氛，特别是使用红色和黄色等暖色时。如果再使用对比强烈的颜色——绿色的食材一起摆盘的话，能够让料理更加华丽。如果容器的颜色再简单一些，会使料理的质感得到提升。

将黄色的菊花同菠菜拌在一起，再用形状可爱的胡萝卜稍作点缀，一道醋拌凉菜就完成了。

将红色和黄色的彩椒切成细条，与绿色的青椒混在一起即可制成腌泡汁[①]，给人活力满满的印象！

① 用醋、葡萄酒、油、调味品等做成的渍汁，可以泡制鱼、肉、菜等。也指所泡制的菜肴，经泡制后肉质变软，容易保存。

第一章

日式料理摆盘

日式料理摆盘规则和技巧

日式料理摆盘有几个基本的规则，如容器中食材的多少、食材摆放的方向等。下面针对具体情况介绍这些能够展现摆盘美感的技巧。

烤鱼

将鱼头摆向左边是日式料理的摆盘规则之一。
加入配菜，会使菜看看起来更像出自专业厨师之手。

要点 1 **将鱼头朝向左侧**

将鱼头朝向左侧。如果需要将鱼切成块，则要将有皮的一面朝上，且需要将较厚的鱼背也朝向左侧。

要点 2 **配菜放在靠近自己的一侧**

将配菜放在鱼旁、靠近自己的一侧。日本红姜芽等较长的配菜需要竖放，也会增加料理的美观性。

一边转动，一边穿入铁扦

从鱼嘴向鱼尾处穿入铁扦，这样能让鱼看起来像在游动一般，摆盘也会更具美感。

将配菜前后交错摆放，打造具有立体感的摆盘

将配菜前后交错放入容器。盘中的一叶兰也是料理色彩搭配中的重点。

食谱

盐烤香鱼

材料（4人份）
香鱼……4条
粗盐……适量
醋泥（在黄瓜泥中加入少许醋、淡口酱油、白砂糖和红蓼搅拌而成）……适量
糖醋野姜……4块

做法
① 将香鱼用铁扦穿透，再将少量粗盐，细细地涂抹在鱼的胸鳍和尾鳍。用火烤鱼的表皮。
② 趁热来回转动铁扦。烤好后，在盘中铺一片一叶兰，将香鱼放在叶片上。加入醋泥和糖醋野姜，即可。

炖鱼

烹饪后，将汤汁浇在整条鱼上，浇汁后的鱼看起来美味极了！
颜色靓丽的配菜可将料理衬托得更加丰盛。

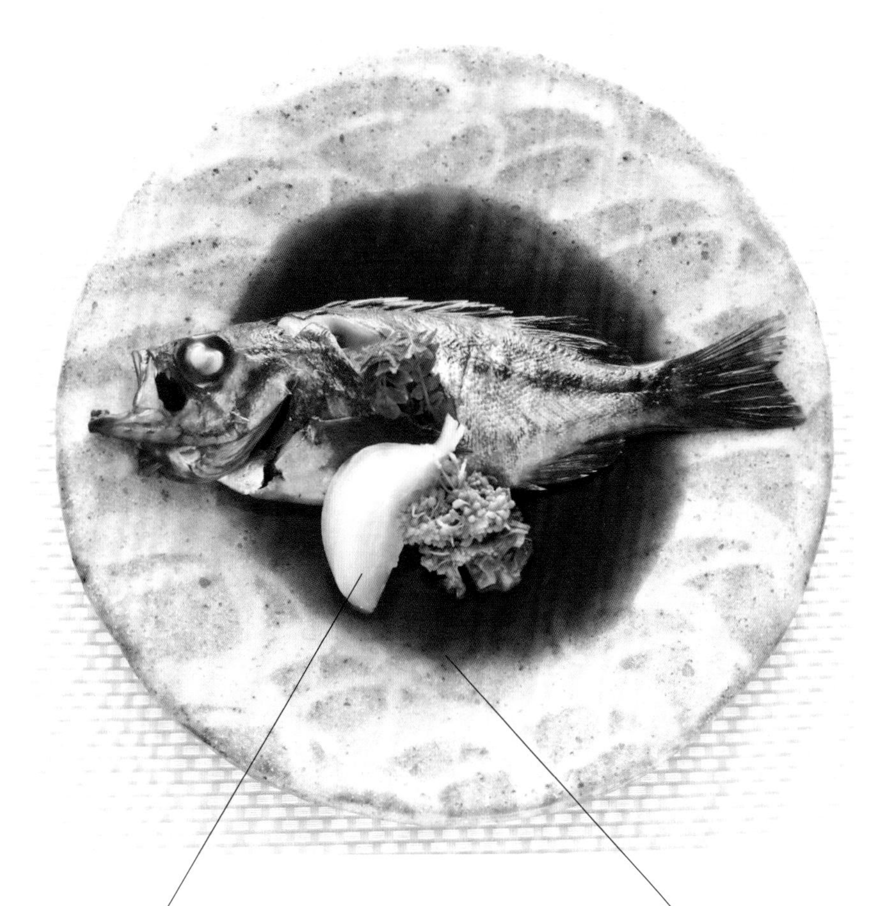

将鱼放于容器内，浇汁

将鱼放到容器中后，浇上汤汁，泛着光泽的浇汁鱼肉看起来美味极了。

最后加入花椒芽点缀

鱼背上的花刀口看起来较不美观，可用花椒芽进行装饰，将花刀口进行遮挡。

要点1 准备充足的汤汁，淋浇汤汁范围不要过大

将充足的汤汁浇在料理上，但浇汁的范围不超过鱼身才会使这道料理更显精致。

要点2 将较大的配菜放在鱼旁、靠近身体的一侧

将切成块的蔬菜等较大的配菜放在鱼旁、靠近身体的一侧，再将容易吸收汤汁的花椒芽等配菜放在鱼身上进行摆盘。

食谱

材料（4人份）
红平鲉……4条
酱汁A（水300毫升、酒300毫升、酱油5汤匙、料酒3汤匙、白砂糖2汤匙）
海带……15厘米
芜菁（切成半圆形）……每份1/2个（切4片）
油菜花（焯熟）……8瓣
姜汁……少许
花椒芽……适量

做法
① 将红平鲉放在菜板上，头朝左。在鱼背上切花刀，方便入味，注意水煮过程中需防止鱼皮破裂。用开水淋过鱼身后再将鱼用冷水冲洗。
② 锅中加入酱汁A和海带，大火烧开后放入红平鲉，并将摆盘时需要露出的一面朝上。撇去汤中的浮沫，盖上锅盖，中火煮5~6分钟。加入芜菁、油菜花，略煮后加入姜汁即可。
③ 将红平鲉盛入容器，淋适量锅中的汤汁。
④ 加入芜菁、油菜花、花椒芽进行装饰。

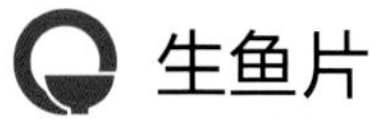

生鱼片

生鱼片的切法不尽相同，其摆盘方式也多种多样。
即使是买来的生鱼片，也可以将其呈现出大师级水准。

平切和削切两种切法的摆盘[1]

要点 **1** 摆盘时每种生鱼片的片数都是奇数

日式料理摆盘时都喜欢使用数量为奇数的食材。原则上每道料理只选用一种鱼做生鱼片，鱼肉的数量也为奇数。

要点 **3** 配菜按个人喜好进行摆放

日本的怀石料理[2]并没有对配菜的摆放位置做出严格要求。但芥末通常需要放在食客右手前的生鱼片上。

要点 **2** 注意后高前低

当盘中盛放多种食材时，要注意将盘中食材靠外的部分摆得稍高一些，将靠近自己的一侧的食材摆得略低一些，这是日式料理的基本摆盘规则。

将平切而成的生鱼片叠起后放入容器

将刀刃竖起，垂直切入鱼肉中（平切法）。将生鱼片依次摆入容器中。

将削切的生鱼片一片一片放入容器中摆盘

斜切鲷鱼，制成鲷鱼生鱼片（削切法）。将生鱼片的两端向下卷成圆形（两端折法）后摆盘。

食谱

材料（4人份）
鲷鱼（平切）……12片
鲷鱼（削切）……8片
紫苏穗……4枝
紫苏叶……2片（提前切成两半）
紫苏芽、酱油（加入少许柠檬和日本酒）、芥末……各适量

做法
将生鱼片用紫苏叶隔开后，放入盘中，随后加入紫苏芽、紫苏穗、芥末装饰，淋入酱油即可。

---

① 平切是生鱼片的一般切法，是将已去骨的鱼身放平、鱼皮向上，将肉质较厚的一侧朝向远离身体的一侧，以刀锋切入，向后、向下笔直切，切下后用刀将鱼片向右推，鱼片稍微倒下并重叠；削切，是将刀向右倾斜放倒，然后顺刀势切下生鱼片的切法，此切法可用来切大片的鱼肉。

② 怀石料理原指日本茶道中，主人请客人品尝的饭菜。但现已不限于茶道，成为日本常见的高档菜肴。“怀石”指的是圣人在腹上放上暖石以对抗饥饿的感觉。其形式一般为一汤三菜。

削切生鱼片的摆盘方式之一

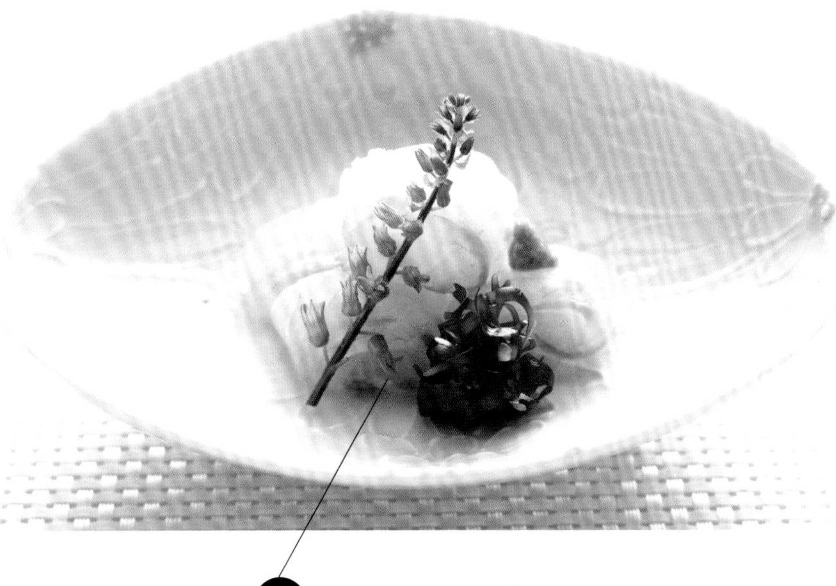

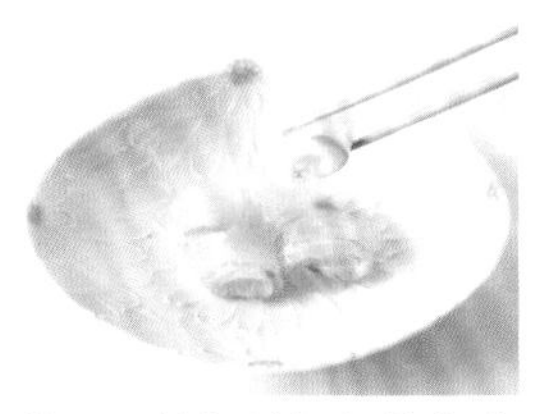

将用两端折法折好的鱼肉放入盘中

将用削切法切成的鲷鱼生鱼片两端向下卷成圆形，再将生鱼片码成锥形。削切法一般适用于鱼身较薄或肉质较硬的鱼类。

要点 1 呈高山状盛入容器中央

当盘中只有一种生鱼片时，摆放方法基本相同。如果生鱼片的数量为奇数，要将生鱼片按顺序码成锥形，打造盘面层次感。

食谱

材料（4人份）

鲷鱼（削切）……20片

紫苏穗……4枝

红鸡冠菜、芥末、酱油（加入柠檬和日本酒）……各适量

做法

将切好的鲷鱼放入容器中，加入红鸡冠菜、芥末、紫苏穗。淋入少许酱油即可。

细条切[①]生鱼片摆盘

将生鱼片交叉摆放堆成高山状

将鲷鱼片切成细条状后，一层层交叉地码在容器中央。除了鲷鱼之外，鲹鱼等体型较小且鱼身较薄的鱼都可以使用细条切法。

要点 2 诠释杉树意象

在日本料理中，切成细条的生鱼片有这样一种摆盘方式，就是将杉树的枝叶紧贴着生鱼片摆放，诠释“杉树意象”。

食谱

材料（4人份）

细条切法切成的鲷鱼……适量

紫苏穗……4枝

红蓼、芥末、酱油（加入少许柠檬和日本酒）……各适量

做法

将切成细条的鲷鱼放入容器中，加入红蓼、芥末、紫苏穗装饰。淋上酱油即可。

① 将鱼去骨，将鱼肉切成细长条状

天妇罗

将天妇罗依次竖着摆入盘中。
不仅美观，还能防止其变软。

正面

先将天妇罗放入盘中

因为红薯等炸好的天妇罗较平整，所以可以将其放入盘子的最中间，作为整道天妇罗料理的底座。

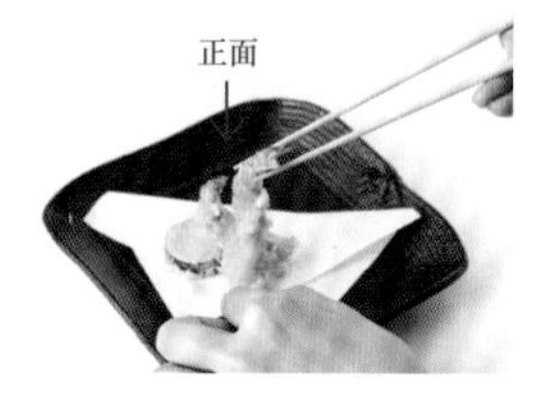

将较大的天妇罗依次竖着放入盘中

将天妇罗依次竖着放入盘中。旋转盘子进行摆盘，这样会更便于我们摆盘。

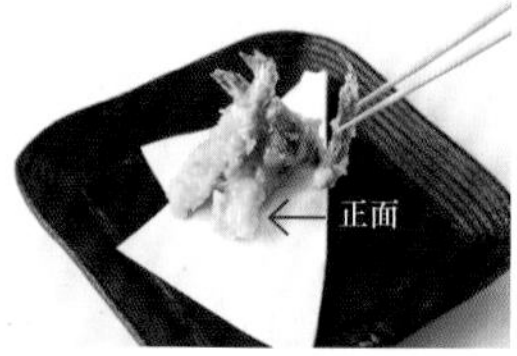

注意按照顺序将其立起来，摆成圆锥形。

摆盘时要从正面观察料理整体是否协调，然后将所有的天妇罗竖着堆成圆锥形。

要点1 将天妇罗摆成圆锥形

将天妇罗依次竖着摆入盘中，堆成圆锥形，这种摆盘形式能令人食指大动。

要点2 将萝卜泥放在盘子中靠近自己的一侧

适当挤出萝卜泥中的水分，将其捏成圆锥形，放于天妇罗前，即靠近自己的一侧。

食谱

材料（4人份）

红薯……4片
虾……8个
豆角……8根
香菇……4个
面衣（鸡蛋1个、低筋面粉160克、冷水600毫升）
煎炸油……适量
天汁[1]……适量
萝卜泥、姜泥……适量

做法

① 在虾腹位置改刀，斜切4~5次。按压其背部，切断筋时能够听到“噗嗤”一声，注意油炸时防止虾身弯曲。
② 将制作面衣的材料混合在一起，再将蘸了低筋面粉的红薯片、虾、豆角、香菇裹上面衣。
③ 高温热油，将步骤②中的材料依次放入油锅中炸。
④ 将叠好的纸巾放入盘子中，随后依次放入步骤③中炸好的天妇罗，放入萝卜泥、姜泥摆盘。最后准备好天汁即可。

① 食用日式油炸菜肴时，用于调味的汁，即吃天妇罗时蘸的汁。制作时，取300毫升用海带、鲣鱼片、小杂鱼干等熬制成的汤汁与50毫升酱油、50毫升料酒混在一起煮沸，加入5克鲣鱼并关火，最后用纱布滤去杂质。

什锦汤

掀开碗盖，色、香俱全，赏心悦目，这便是什锦汤。
什锦汤，常常被描述为具有“醍醐味”，配菜更为其增添了美感。

先放入较大块的配菜
将汤料盛入碗中后，加入配菜。先将较大的荚果蕨放在汤料上。

倒入清汤，最后放花椒芽
花椒芽容易变软且容易散发出香味，所以要最后再放入碗中。放入花椒芽后盖上碗盖。

要点 **1** 活用时令配菜
将时令配菜摆在汤中的菜品上。图中荚果蕨和樱花为春季时令食材。

要点 **2** 清汤盛至七分满
为了防止配菜落入汤中，清汤只需要盛至中菜品高度的七分处即可。

食谱

材料（取12厘米×15厘米的金属固形模具1个[1]）
鱼肉……100克
青豌豆（煮熟、压成泥并过滤）……50克
佛掌山药……30克
鲜汁汤……50毫升
淀粉……1汤匙
蛋清……1个
清汤（鲜汁汤800毫升，浓口酱油、淡口酱油各1茶匙，酒1/2茶匙）
荚果蕨（加入清汤煮熟，捞出后放入稍浓的鲜汁汤中再煮片刻）……4个
盐渍樱花（去掉其表面的盐）……4片
花椒芽……适量

做法
① 用搅拌机将鱼肉绞成肉泥。依次将青豌豆、佛掌山药、鲜汁汤、淀粉、蛋清与肉泥混合起来。
② 将①中制好的所有食材倒入金属固形模具中，蒸10分钟后取出，切成4等份。
③ 将制作清汤的所有食材混合在一起煮沸。
④ 将步骤②的混合物盛入容器中，用荚果蕨、盐渍樱花装饰。倒入步骤③的混合物后，加入花椒芽装饰。

① 大小刚好可将全部所用食材盛入其中

拼盘

不同食材在经过不同方式的调味之后，不但呈现了食材的原貌，
艳丽的色彩也能触动食客的味觉。
食材的不同切法和多变的摆盘方式同样非常重要。

要点 1 将不同的食材分别摆盘

将食材按照中间高四周低的方式一道一道进行摆盘，完成后的料理外观十分诱人。

要点 2 为容器留白

当制作使用了多种食材烹制而成的料理时，为容器保留有较多的空白更能凸显食材的清新气息。

为防止蔬菜形状被破坏，我们可以用竹扦固定蔬菜后再进行摆盘

将冬瓜堆叠后与番茄并排盛入盘中。再用细竹扦（或虾扦）穿入这些食材，防止其形状被破坏。食材上被竹扦穿过的小孔也不会很明显。

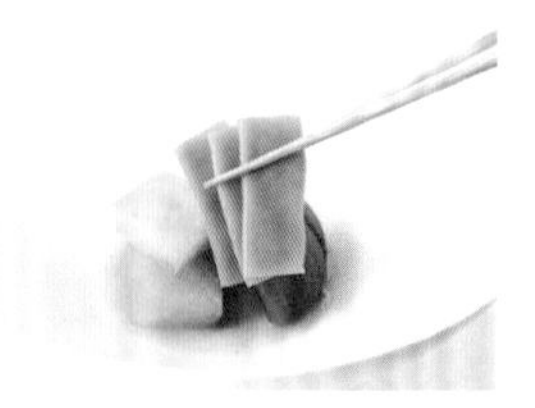

片状的食材可以整理、固定后再放入容器中

将四季豆码成扇形后放入容器。当需要将食材堆叠时，我们可以在容器外处理好后再摆盘。

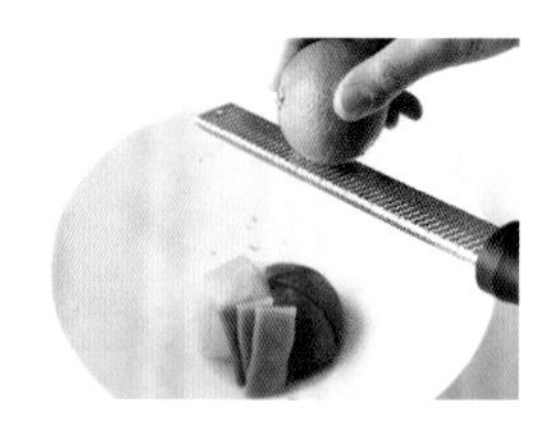

将橙子皮撒在完成的料理上

将柑橘类的皮擦成屑撒在完成的料理上，不仅会使料理变得香味扑鼻，而且能从视觉上增加留白区域，色香俱全。

食谱

冬瓜、番茄、四季豆拼盘

材料（4人份）

冬瓜（冬瓜去子、削皮，并将其切成3厘米×2厘米×2厘米的块）……12块
番茄……2个
四季豆……2根
酱汁A（鲜汁汤400毫升，盐1/4茶匙，淡口酱油2茶匙，料酒3汤匙，干虾20克）
酱汁B（鲜汁汤800毫升，盐1/2茶匙，淡口酱油4茶匙，料酒90毫升）
青柚皮……适量

做法

① 将酱汁A、B所需食材分别混合并煮沸。把煮好的酱汁B分为2份。
② 将冬瓜放入沸水中煮直至肉质变得透明，捞出，放至酱汁A中继续煮。将番茄用热水烫，去皮、切为6等份的小块后放入酱汁B中浸泡。将四季豆抹盐后腌制2分钟，用水煮至变色后捞出，放入酱汁B中浸泡。
③ 将四季豆切为5厘米左右长的段。摆盘时，将冬瓜、番茄、四季豆依次放入容器中，再将适量浸泡过冬瓜的酱汁A浇在料理上，最后擦少许青柚皮屑撒在料理上作为装饰（冷、热食均可）。

拌菜

将拌菜堆叠，将容器留白，打造高贵典雅的料理形象。

在碗中塑造食物的形状

将做好的拌菜先放入拌菜碗中塑形，再移入需要使用的容器中，这样做摆盘，既简单，又能呈现立体效果。

将配菜放在拌菜上

当料理的颜色十分单一时，我们可以将颜色鲜艳的蔬菜煮熟，再用模具切成好看的形状来装饰料理。配菜会使料理的外观更华丽。

要点 1 用多层堆叠的方式，可提拉菜品的高度

将拌菜摆盘时要采用多层堆叠的方式。注意不要盛得过满，从侧面看向碗的边缘时要看不到碗中的食物才行。

要点 2 整道料理的直径为小钵直径的 1/2~3/5

当使用小钵（口大且深的碗）作容器时，整道料理的最佳直径为小钵直径的1/2~3/5，这样比例更协调，外观也更具美感。

食谱

菠菜拌菊花

材料（4人份）

菊花（直径约为5厘米）……2朵

蟹味菇……8个

杏鲍菇……1个

菠菜……8根

胡萝卜（煮熟后用模具切好形状）……4块

白芝麻……适量

橙醋（鲜榨橙汁90毫升，料酒、酱油、淡口酱油各60毫升，醋、酒各10毫升，鲣鱼干一把，海带10厘米，将所有材料混合在一起后放置一晚即可）……4汤匙

做法

① 撕下菊花花瓣，放入加了适量的橙醋（分量外）的热水中煮。分别将蟹味菇、杏鲍菇、菠菜焯水，切成容易入口的长度。

② 将橙醋加入步骤①的混合物中搅拌后盛入容器中。捏适量的白芝麻撒在拌菜上，用胡萝卜装饰即可。

腌菜

腌菜在餐桌上出现的频率较高。
下面为大家介绍基础摆盘的运用。

3 种食材的摆盘

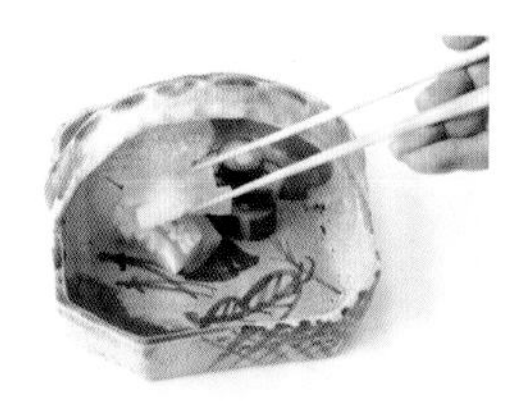

高低错落进行摆放

将黄瓜片堆叠起来，同时将切成细长型的萝卜叠放入盘中。高低错落进行摆放，营造活力感。

食谱

材料（4 人份）
腌萝卜、腌黄瓜、紫苏腌茄子……各适量

做法
① 将腌黄瓜切成厚片后，挖去中间部分。
② 将腌萝卜、腌黄瓜、紫苏腌茄子依次盛入容器中。

要点 1 将丰盛的食材摆在容器中央

腌菜最基本的摆盘方法就是将其盛放在容器中央。当一盘料理需要用到多种腌菜时也需要把它们盛放在容器中央。

要点 2 当需要搭配不同形状的腌菜时，要将堆叠后最高的腌菜放在容器的最中间

摆盘时要确保容器中间部位的食材高度最高。不同种类的料理摆盘方式也不同，因此我们需要注意其整体搭配的协调感。

使用细长型的容器更能打造现代感

无论使用什么样的容器，将食材摆在容器中央都是腌菜摆盘的核心技巧。即便摆盘方法相同，但只要稍稍改变容器的外形，就会现代感十足。

要点 1 用量多的食材放在容器的最后方

用钵作容器时，所有的食材都需要紧贴容器最后方的食材进行摆放。当需要摆盘的食材种类较多时，每一种食材都要整整齐齐地进行摆放。

用一种腌菜做基底，再将其他腌菜立置，靠着基底摆盘

将腌萝卜放在容器后方（远离身体的一侧），作为整道料理的底座。分别横向、纵向依次放入腌菜，最后将切碎的腌菜放入容器中。

食谱

材料（4 人份）

腌菜萝卜、腌茄子、紫苏腌茄子、腌黄瓜、腌碎芜菁……各适量

做法

① 将茄子切成条状，黄瓜斜切成片。

② 将步骤①中切好的腌菜依次摆入容器中。

要点 2 摆盘呈现出茂密的青山般的视觉效果

摆盘时，容器的中央要呈现出茂密的青山般的视觉效果。用手轻轻地固定食材，注意不要在食材上留下指印。

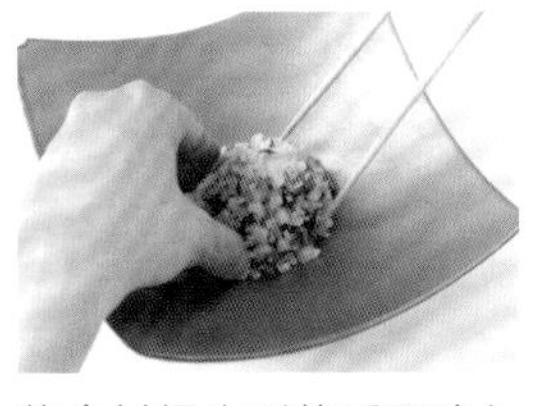

将食材捏出形状后再移入容器

在调味碗中将腌菜捏出形状，再用手和筷子小心地将其移入容器中。

食谱

材料（4 人份）

腌萝卜（用米糠和盐腌渍而成）……适量

腌黄瓜……适量

姜汁、紫苏、野姜、白芝麻……各适量

酱油……少许

做法

① 将腌萝卜、腌黄瓜切丁后用凉水冲洗，捏出水分后捏出形状。

② 将姜汁、紫苏和野姜切碎，再加入白芝麻搅拌。用酱油调味后倒入容器中。

① 将腌菜切碎后调味制成。岩下觉弥（江户时代初期，德川家康的厨师）曾向德川家康推荐这种酱菜，故名觉弥酱菜。

日常日式料理的摆盘

凉拌青菜、凉拌豆腐、筑前煮等料理都是我们非常熟悉的日式家常料理，只要我们稍稍利用一些摆盘技巧，这些料理就会变得非常诱人。摆盘技巧能够令我们的日常餐桌变得更加赏心悦目。

早餐中的鲹鱼干和煎蛋卷

一叶兰和经过塑形的泥状食材都能为传统早餐增加不一样的色彩

用手将萝卜泥搓成丸状

把萝卜泥捏成锥形，但在这里，是把萝卜泥放在手心搓成可爱的丸子。想要搓出完美的萝卜泥丸，关键在于防止水分过多。

将干货放在盘中铺好的一叶兰上

将鲹鱼干放在容器中铺好的一叶兰上，注意变换鲹鱼干的方向，使其与一叶兰的摆盘方向不同。即使将一叶兰铺在圆形的盘子中，也会营造出别样的协调感。

食谱

材料（4人份）

鲹鱼……4条

萝卜泥（与焯过水的菊花搅拌混合）、青橙子皮、胡萝卜丝……各适量

鸡蛋……3个

鲜汁汤……3汤匙

白砂糖……1汤匙

盐……2小撮

色拉油……适量

糖醋野姜……2块

萝卜泥……适量

腌菜……适量

酱油……适量

做法

① 鸡蛋打散，加入鲜汁汤、白砂糖、盐搅拌均匀。

② 在锅中刷薄薄的一层色拉油，转中火，分三次倒入步骤①的蛋液，每次倒入蛋液并将其煎熟后便将蛋皮卷起，直至将鸡蛋全部煎熟。全部卷好后整理鸡蛋卷的外形，并切成适当的大小。

③ 将鸡蛋卷盛入容器中，再加入糖醋野姜、萝卜泥及点缀用的蔓草作为装饰。

④ 将鲹鱼的表皮烤干。

⑤ 将鲹鱼干放入铺好一叶兰的容器中，加入混入菊花的萝卜泥、胡萝卜丝和青橙子皮。

⑥ 将腌菜盛入容器中，可以根据个人爱好在腌菜上撒少许酱油。

使用的容器

- 直径约20厘米的陶瓷浅盘
- 约27厘米 × 10厘米的陶瓷浅盘
- 约9厘米 × 7厘米的陶瓷豆碟（直径10厘米以下且刚好可以用手掌托起的小碟子。如今豆碟外形多样，大多小巧可爱）

早餐中的凉拌豆腐、纳豆和凉拌青菜

只有将这些食材放入小钵中，才能打造清爽统一的视觉效果

将凉拌青菜的切面蘸满芝麻

将芝麻盛入小盘。将菠菜切断后卷成小卷，将菠菜的切面蘸满芝麻。

使用模具将白豆腐切出形状，并用芝麻进行装饰

如果用竹扦等顶端较细的工具夹起细小的装饰物的话，会更方便摆盘。

食谱

材料（4 人份）

豆腐……1/4块

纳豆……40g

菠菜……4根

黑芝麻、白芝麻、紫苏丝、萝卜泥、鳀鱼干、酱油……各适量

做法

① 将菠菜焯熟后放入凉水中，浸泡片刻后挤干水分。将挤干水分的菠菜切为12等份后，卷成小卷。将切面蘸满黑芝麻和白芝麻后即可盛入容器。

② 用模具将豆腐塑形，随后盛入容器。再用竹扦夹取少许黑芝麻装饰豆腐。

③ 将纳豆、紫苏、萝卜泥、鳀鱼干、米饭盛入容器，注意不要盛得过满。最后按照个人喜好加入酱油或者其他作料即可。

使用的容器

- 直径约16厘米、高约6厘米的陶瓷钵
- 直径约7厘米、高约5厘米的陶瓷小钵
- 直径约5厘米、高约4厘米的陶瓷小钵
- 直径约4厘米、高约3.5厘米的陶瓷小钵
- 直径约12厘米的陶瓷茶碗
- 约8厘米 × 21厘米且表面有凹槽的玻璃盘
- 直径约5厘米的玻璃豆碟
- 约4厘米 × 4厘米 × 4厘米的玻璃容器

乌冬凉面

将乌冬面卷成小卷并堆叠出一定高度，摆盘时为长盘留白。

食谱

材料（4人份）
乌冬面（干面）……200克
野姜丝、紫苏丝、菜芽……各适量
鹌鹑蛋……4个
作料（海苔丝、白芝麻、五香粉）……适量
卤汁（鲜汁汤800毫升，煮沸且酒精已经挥发的料酒40毫升，酱油40毫升，盐1茶匙）……适量
做法
① 混合制作卤汁所需的材料，并将其盛入容器中。将乌冬面煮熟后放入凉水冰镇，片刻后捞出控水。用叉子将乌冬面移入容器。
② 放一小撮野姜丝和紫苏丝在乌冬面旁。将鹌鹑蛋切掉1/3，放在玻璃调羹上。将作料放入其他容器。在乌冬面上装点少量菜芽，撒上适量卤汁即可食用。

用叉子将乌冬面卷成小卷后摆盘
用勺子托底部，再用较大的叉子将乌冬面一层层地卷成小卷，盛入容器。

将作料放入容器摆盘前需要塑形
野姜切丝放入碗中，堆成锥形后放在乌冬面旁。

使用的容器

- 约60厘米×20厘米的船形陶器
- 约20厘米×3厘米且表面有凹槽的作料盘
- 长约10厘米的玻璃汤匙
- 直径约15厘米的陶制酒器

筑前煮和汤豆腐

在颜色单调的炖菜和汤豆腐中加入红色或绿色的蔬菜

考虑整体协调性的同时将胡萝卜放入筑前煮中一同煮

先把胡萝卜和荷兰豆盛入其他容器中，将胡萝卜放入料理中时要注意整体协调感。

将荷兰豆叠起摆盘

将三片荷兰豆码成扇形，放入盘中色彩较为单调的地方。

将胡萝卜用模具切割后，可为料理增添色彩

用模具将煮熟的胡萝卜和煮鲜汁汤剩下的海带切出形状，加入汤豆腐中。

食谱

筑前煮

材料（4人份）

油炸豆腐……1/3块
切片牛肉……200克
香菇……4个
牛蒡……1/3根
魔芋……1/2块
藕……3厘米
芋头……2个
胡萝卜……1/5根
酱汁A（日本酒3汤匙，水600毫升，酱油4汤匙，白砂糖3汤匙，料酒1汤匙）
色拉油……适量
荷兰豆（煮熟后斜切、去除两端）、白芝麻……各适量

做法

① 所有的蔬菜切成适当的大小。锅中倒入色拉油，加入牛肉翻炒，炒至变色后将油炸豆腐、香菇、牛蒡、魔芋、藕、芋头、胡萝卜加入锅中继续翻炒，最后倒入酱汁A。
② 将步骤①中除胡萝卜以外的其他食材盛入容器，加入胡萝卜、荷兰豆，撒上白芝麻即可。

汤豆腐

材料（4人份）

豆腐……1块
胡萝卜（煮熟后用模具切）……8块
海带……10厘米
葱芽……适量
作料（香葱切末、刨成薄片的鲣鱼、柚子胡椒）……各适量
酱油……适量

做法

① 锅中加入适量的水和海带，海带泡发后用模具切。
② 将切好的豆腐放入锅中煎。锅热后加入胡萝卜和1块海带。用其中的一根葱芽将剩余的葱芽束在一起并打结，放在豆腐上。
③ 将作料分别盛入不同的容器中。在料理上淋些许酱油即可食用。

使用的容器

- 直径约22厘米、高约11厘米的陶制钵
- 直径约27厘米的陶制圆盘
- 直径约7厘米、高约5厘米的陶制小钵
- 直径约12厘米的砂锅
- 直径约18厘米的金属盘
- 直径约5厘米的花形玻璃豆碟
- 约30厘米×10厘米×0.6厘米的石盘

酱拌萝卜和白芝麻拌菜

将肉末和配菜轻轻地放在酱拌萝卜上，日式风味酱拌萝卜就完成了

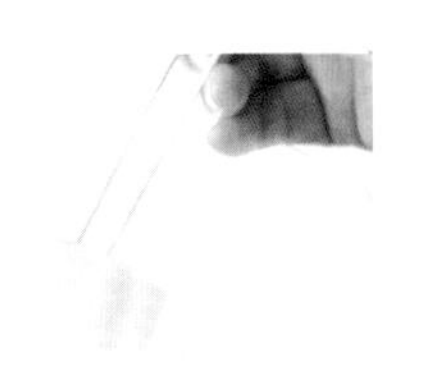

将萝卜用细竹扦穿起来后摆盘

将细竹扦（虾用扦）穿入柔软的萝卜，这样在摆盘时才能不破坏萝卜的形状。

修剪葱芽，使其两端齐整

准备少许葱芽作为配菜，将其整齐地码在一起，并使用厨房专用剪刀将葱芽两端剪齐。

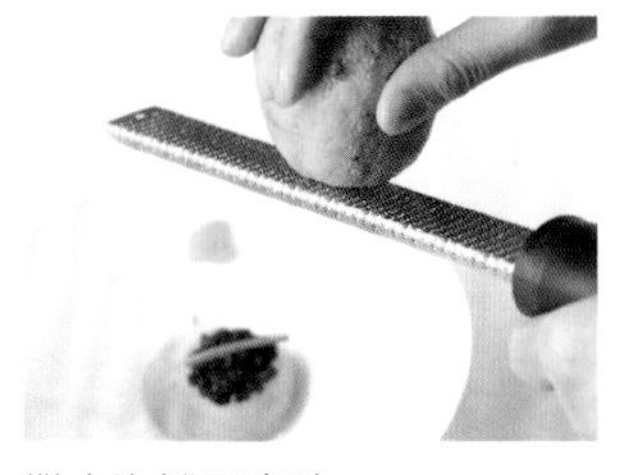

撒少许橙子皮碎

加入橙子皮能凸显出食物的清香气味，撒在盘子边缘也能增添食物的色彩，让整道料理的层次显得更丰富。

将白芝麻拌菜放入容器中，并将其形状修整为圆锥形

用筷子将柔软的白芝麻拌菜放入容器中，注意不要沾到容器壁，随后将其形状修整为圆锥形。

使用的容器

- 表面有凹槽且碗口直径约35厘米、高15厘米、底座直径约10厘米的瓷碗
- ✿ 直径约7厘米、高10厘米的玻璃杯

食谱

酱拌萝卜

材料（4人份）

萝卜段……20厘米
酱汁A（鲜汁汤400毫升、淡口酱油1茶匙、盐1/2茶匙、料酒2茶匙）
鸡肉……200克
葱……1根
姜末……少许
酱汁B（日本酒4汤匙、红酱2汤匙、酱油1汤匙、白砂糖2汤匙）
色拉油……少许
葱芽……适量
橙子皮屑……适量
胡萝卜（煮熟）……4块

做法

① 将白萝卜切块后放入清水中煮，煮到萝卜肉质柔软且能够轻松插入竹扦时，捞出控水。将酱汁A烧开后加入萝卜块，煮10分钟左右捞出。
② 葱切末。锅中倒入少许色拉油，加入葱末、姜末翻炒，加入鸡肉继续翻炒。倒入酱汁B，收干酱汁中的水分将鸡肉盛出。
③ 取出1块萝卜盛入容器，再将2根葱芽放在萝卜块上。可撒入少量橙子皮屑作为点缀。

白芝麻拌菜

材料（4人份）

油炸豆腐（取表面的焦皮）……1块
白砂糖、白芝麻各1茶匙
淡口酱油……少许
煮好的胡萝卜、白萝卜、牛蒡、魔芋和豆腐酥皮丝（食材的种类可按个人喜好进行调整）……各适量
荷兰豆（煮熟后斜切两半）……4片
黑芝麻……少许

做法

① 使用料理机将油炸豆腐、白砂糖、白芝麻、淡口酱油混在一起打碎，使其充分融合（由于油炸豆腐所含水分少于白豆腐，在此可以省略控水步骤）。
② 胡萝卜、白萝卜、牛蒡、魔芋、豆腐酥皮丝与步骤①的混合物混合在一起，取一匙盛入容器。加入荷兰豆和黑芝麻。

照烧鸡和松肉汤

鸡肉切齐整后摆盘，利用配菜和装饰物打造完美的摆盘形象

将 3 块鸡肉依次码放并将其放入容器中

将照烧鸡切块后并在菜板上整理形状，然后将其移入容器。

利用细长的竹扦进行摆盘

将细长的竹扦（或虾扦）插入山药块中，防止其形状被破坏。此外，码放得整整齐齐的山药块能给人以仪式感。

添一根香葱进行摆盘，打造动感外观

将山药和鸡肉摆放整齐后，取一根细长且具有一定弧度的香葱作为装饰，打造具有动感的外观。

露出胡萝卜和菠菜

将胡萝卜和菠菜等色彩鲜艳的蔬菜露出汤面，能使松肉汤更加美观且富有食欲。

使用的容器

- 约45厘米×20厘米的涂漆长盘
- 直径约10厘米，高约10厘米的漆制木碗

食谱

酱拌萝卜

材料（4 人份）

鸡腿肉……2块
酱汁A(水200毫升、日本酒2汤匙、料酒2汤匙、酱油3汤匙)
山药……24厘米
酱汁B（鲜汁汤400毫升、白砂糖1汤匙、淡口酱油1汤匙、料酒3汤匙、盐1茶匙）
香葱……4根
白芝麻、七味粉（又称七味唐辛子，日本香辣调味料的一种，将辣椒、芝麻、陈皮、芥子、油菜子、麻仁、花椒等研碎混合而成的调料）……各少许

做法

① 酱汁A煮沸后加入鸡腿肉，继续煮20～30分钟。
② 将山药切成厚度约2厘米的六边形小块后放于醋水中去除涩味，再放入淘米水中煮，煮至山药肉质软糯且可轻松戳入竹扦后捞出控水。
③ 将步骤②中仍冒着热气的山药块放入煮沸的酱汁B中，用小火继续煮约20分钟。
④ 将步骤①中的鸡肉切为12片，并将其盛入铺有一叶兰的容器中。将山药块也放入盘中。撒上白芝麻、七味粉，再用香葱点缀即可。

松肉汤

材料（4 人份）

鸡腿肉……50克
油炸豆腐……1/2块
牛蒡……30克
萝卜……100克
大葱……1/3根
藕……3厘米
胡萝卜……1/5根
芋头……1个
魔芋……1/4块
香菇……2个
菠菜……4根
淡口酱油……2汤匙
盐……1茶匙
白砂糖……2茶匙
色拉油……适量

做法

① 将鸡腿肉、油炸豆腐、牛蒡、萝卜、大葱、藕、胡萝卜、芋头、魔芋、香菇切成适当的大小。
② 将切好的食材放入色拉油中翻炒，炒熟后倒入800毫升水煮至绵软。加入淡口酱油、盐、白砂糖调味。
③ 将菠菜焯至变色，切成约为5厘米长的小段后，与步骤②中的食材一同摆盘。

宴会日式料理的摆盘

人们喜爱随季节而变化的日式料理。即使是家常料理，只要经过食器的搭配体现出季节特色，也能变成华丽的宴会料理。

将展现春色的配料放置于粗卷寿司顶部，触动人们的味觉印象

不要将粗卷寿司的配料卷入寿司中，而是放在寿司上，这样能够轻松地打造出华丽的外观。

用樱花装点碗物（碗装汤菜，将肉、鱼、青菜等搭配在一起，做成汤盛放到碗中），以展现春季美感

鲑鱼肉质清透，用粉色装点，就能制成漂亮的碗物。
再用花椒芽的绿色做点缀，为其增添别样的清爽感。

将一口就能吞下的水羊羹放在玻璃调羹上

白色的豆沙与淡色的水羊羹相得益彰，恰好展现出樱花的色彩。

粗卷寿司

使用的容器

约30厘米×30厘米的玻璃盘

将切成正方形的生鱼片垒在寿司上

将金枪鱼切成小方块，依次放在寿司上。在鱼肉中央撒少许芥末作装饰。

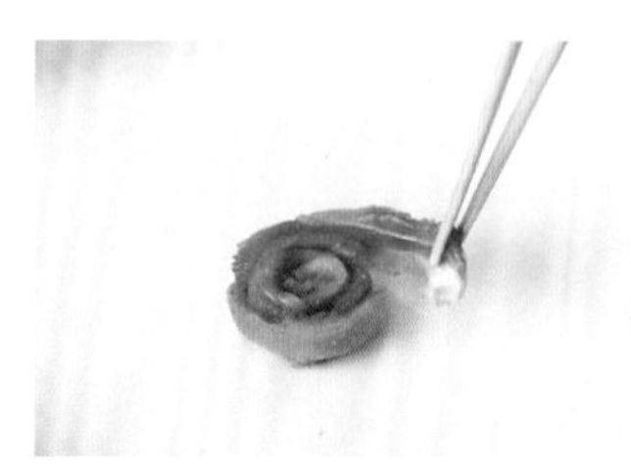

卷起金枪鱼肉，使其呈花朵状

将金枪鱼切成细条并一层层地卷起来，整理其外形至呈玫瑰花状后放在粗卷寿司上，再用切成薄片的香葱稍作点缀。

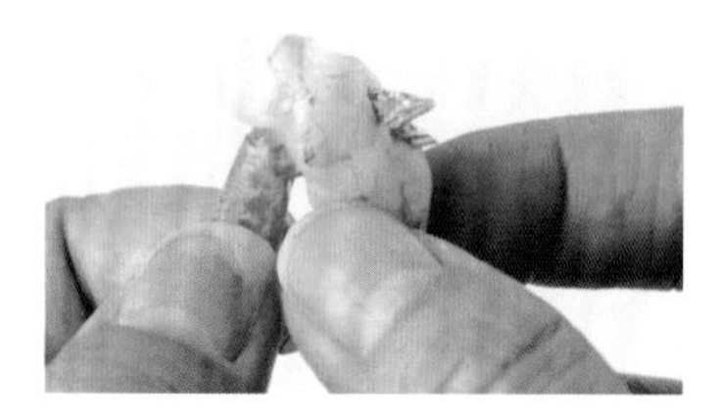

卷起红虾并露出虾尾

在红虾靠近虾头的位置切一个口，卷起虾肉并将虾尾从切出的豁口中穿出。将卷好的虾放在铺有青紫苏的粗卷寿司上。

将外形像叶子一样的紫苏芽放在寿司上

将外形像叶子一样的紫苏芽放在制成花形的煎鸡蛋周围。在鸡蛋中央点少许番茄酱作装饰。

用卡片将寿司整理齐整

粗卷寿司摆盘后用卡片轻推其四边，将其归置整齐。

食谱

材料（4人份）
寿司饭……160克
海苔……1片
寿司专用煎蛋……1块
鲷鱼生鱼片……1片
金枪鱼生鱼片……2片
红虾……2个
小鲜贝、蟹肉、海胆、咸鲑鱼子……各适量
番茄酱、紫苏芽、红蓼、芥末、葱芽、油菜花穗尖、黄瓜片、紫苏、花椒芽、葱花……各少许

做法

① 将海苔放在卷帘上，再将寿司饭放在海苔中靠近自己的一侧，向外铺匀（约20厘米），铺至薄厚均匀即可卷起。
② 将步骤①中卷好的寿司切为9等份后，盛入容器。
③ 取2块寿司进行摆盘。将寿司专用煎蛋用模具制成花形放在寿司上，并加入番茄酱和紫苏芽作装饰。
④ 将鲷鱼生鱼片轻轻地揉圆，再放到寿司上，随后加入红蓼作装饰。
⑤ 将一块金枪鱼生鱼片切成小方块堆在寿司上，再加入芥末作装饰。将另一块金枪鱼生鱼片切成细条，一层层地卷起来后放在寿司上，最后用葱花作装饰。
⑥ 将小鲜贝堆在寿司上，再将葱芽两端切齐放在小鲜贝上作装饰。
⑦ 将蟹肉横向放在寿司上，再加入油菜花穗尖作装饰。
⑧ 将黄瓜片铺在寿司上，再将海胆放在黄瓜上。
⑨ 将红虾虾肉上切一个小口，再将红虾尾从小口中穿出，放在铺有紫苏的寿司上。
⑩ 将咸鲑鱼子放在寿司上，随后加入花椒芽作装饰。
⑪ 利用卡片将所有的粗卷寿司排列整齐。

鲑鱼樱花茶碗蒸

使用的容器

直径约15厘米的漆制碗

加入花椒芽进行装饰

若花椒芽放入碗中时间过早容易变软，因此盛入汤汁之后再加入花椒芽做装饰。

食谱

材料（4人份）
鲑鱼……120克
淀粉、蛋清、糯米粉……各适量
盐、日本酒……各适量
盐渍樱花叶（去盐）……4片
酱汁A（鲜汁汤500毫升、淡口酱油1汤匙、盐1/4茶匙）
盐渍樱花（去盐）……4片
花椒芽……4枝

做法
① 将鲑鱼肉分成4份，每份30克，加入盐、日本酒腌制15分钟后，控出水分。
② 将鲑鱼肉依次裹上淀粉、蛋清、糯米粉，将盐渍樱花叶裹在鱼肉上，放入蒸食物专用的器具中蒸10分钟。
③ 将酱汁A所需材料混合并煮沸，制成汤汁。
④ 将步骤②中蒸好的鲑鱼放入容器，加入盐渍樱花进行装饰，倒入汤汁并放入花椒芽进行点缀。

樱花羊羹

使用的容器

长约10厘米的木质托盘

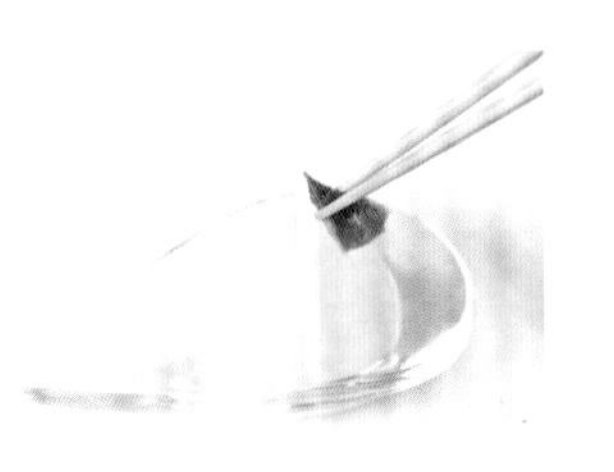

加入樱花进行摆盘

用樱花装饰水羊羹能够带给人春天的甜美气息。将水羊羹一个个地放入调羹后再加入樱花作装饰。

食谱

材料（20个直径为3厘米的半球状硅胶模具所需分量）
白砂糖……40克
琼脂……5克
白豆沙……100克
盐渍樱花末（5个羊羹球的分量）
盐渍樱花（去盐）……20片

做法
① 将白砂糖和琼脂充分混合后，倒入热水使其融化。
② 将白豆沙和盐渍樱花末与步骤①的混合物充分混合。在液体凝固之前迅速将其倒入模具中，并放入冰箱冷冻塑形。
③ 将步骤②中已经凝固成形的羊羹球从模具中取出并放入容器，用盐渍樱花作装饰即可。

※琼脂：以海藻为原料制成的凝固剂。

使用木制的容器和玻璃制的小碟盛装前菜会如微风般给菜品增添夏季的清爽气息

当同时使用不同材质的容器时，要提前在盘中铺一片叶子或一块布。

利用毛玻璃容器打造料理的通透感

使用夏季蔬菜冬瓜制作清凉的鱼羹。
汤中的虾肉若隐若现。

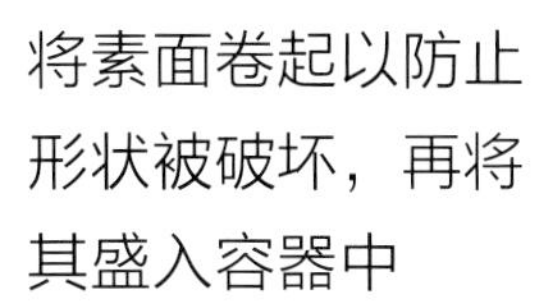

将素面卷起以防止形状被破坏，再将其盛入容器中

素面曲线动人，让人不禁联想起潺潺流水。倒入汤汁时切忌倒得过满，从而营造典雅的料理外观。

5 种小菜

豆花、金枪鱼泥、凉拌芦笋、盐焗毛豆、郁李

使用的容器

- 直径约40厘米的木盆
- 直径约8厘米的玻璃豆碟
- 直径约7厘米的玻璃小钵
- 直径约5厘米的木质小钵

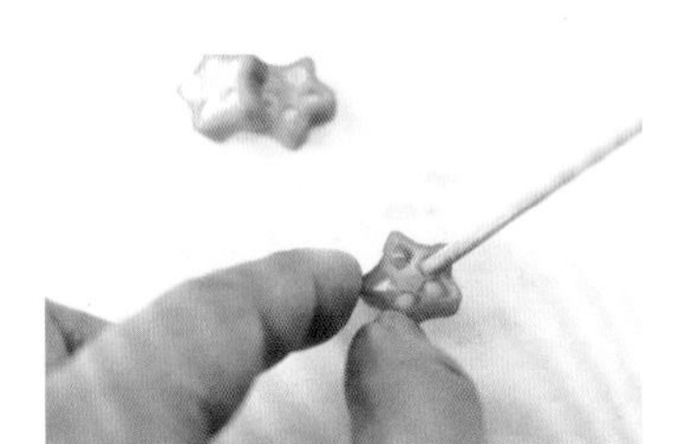

用竹扦挑出秋葵子
去子秋葵不仅外形美观，口感也好。

由大到小依次进行摆盘
在木盆中铺一层绿色的叶子，再将盛放小菜的碟子摆在绿叶上。

将零碎的食材摆盘
决定好小菜摆放的位置后，就可以将毛豆和郁李放入容器中摆盘了，摆盘时要注意料理的整体协调感。

食谱

材料（4 人份）

豆花
豆浆……300毫升
水……100毫升
明胶粉……5克
酱汁A（鲜汁汤200毫升，淡口酱油20毫升，料酒10毫升）
葛根粉水……适量
秋葵……4片
秋葵碎、海胆、木薯淀粉（烫熟）……各适量

金枪鱼泥
金枪鱼生鱼片……100克
山药泥、芥末……各适量

凉拌芦笋
芦笋……4根
酱汁A（鲜汁汤50毫升、醋20毫升、淡口酱油30毫升）
鲣鱼干……5克

盐焗毛豆
毛豆（带蒂）……40个
盐……适量

其他
郁李……12个
黄瓜（用模具切出形状）……15片

做法

① 将水与豆浆混合后用小火加热，加热时一边搅拌一边倒入明胶粉直至明胶粉完全溶解。用冷水浇洗锅的外侧直至豆浆温度降低，趁还有余热将其倒入容器，放入冰箱冷冻凝固。
② 将制作酱汁A所需的材料混合并煮沸，加入葛根粉水，放置在一旁冷却。将冷却后的酱汁A淋在步骤①中制成的豆腐上，加入木薯淀粉、切碎的秋葵、秋葵片以及海胆即可。

金枪鱼泥
将金枪鱼生鱼片切成小方块，放入容器时将其堆叠成锥形。加入山药泥和芥末进行摆盘。

凉拌芦笋
① 将芦笋过水焯熟，并切成长度约为3厘米的小段。
② 将酱汁A所需的所有材料混合并煮沸，加入鲣鱼干稍煮片刻，关火冷却。
③ 将步骤①中的芦笋段盛入盘中，淋上步骤②中制成的酱汁即可。

盐焗毛豆
去除毛豆中较大的蒂，用盐水煮熟后盛入容器。

冬瓜鱼冻什锦汤

使用的容器

- 直径约6厘米、高约8厘米的玻璃茶碗

利用青枫叶打造季节感

使用模具将黄瓜皮切成枫叶状，放入容器中进行装饰。黄瓜枫叶看起来就像夏季的青枫叶。

食谱

材料（4 人份）

冬瓜……200克

糯米粉……30克

虾……4个

淀粉……适量

酱汁A（鲜汁汤500毫升、淡口酱油1汤匙、料酒1汤匙、盐少许）

葛根粉水……适量

黄瓜（用模具切成枫叶形）……4片

做法

① 将冬瓜去皮、磨成泥。在糯米粉中倒入适量清水后搅拌均匀，分成8等份并搓成小球，下锅煮熟。虾去壳后，将虾仁裹上一层淀粉，下锅煮熟。

② 将酱汁A所需材料混合并煮沸，煮沸后加入冬瓜泥继续煮。再次煮沸时加入葛根粉水勾芡，并放置在一旁冷却。

③ 将步骤①中煮好的虾盛入容器后，倒入步骤②中煮好的汤汁，放入一颗糯米球，然后加入一片黄瓜制成的青枫叶点缀即可。

素面

使用的容器

- 约18厘米×15厘米、高约6厘米的玻璃小钵

将素面两端系紧后下锅煮熟，整理成捆状后摆盘

将素面两端用线系紧后下锅煮熟，盛盘时将其两端剪去并整理成漂亮的捆状。

食谱

材料（4 人份）

素面……4捆

酱汁A（鲜汁汤800毫升、无酒精料酒、酱油40毫升、盐1茶匙）

蛋皮卷（将煎蛋皮卷起并用三叶草捆住打结）……4捆

虾（煮熟）……4个

炖煮香菇……1个

黄瓜（用模具切成形）……4片

做法

① 将酱汁A所需的所有材料混合制成浇汁，放置一旁待其冷却。将炖煮香菇切成4份，再用线将素面两端系紧，煮熟后放入凉水中冷却。取出虾仁。

② 捞出素面控水，将其盛入容器后剪去两端绑线的部分。加入蛋皮卷、虾仁、香菇、黄瓜进行装饰，最后淋上浇汁。

满满的食材装在大大的竹筐里
给人以秋季的丰收之感

把秋天的味道满满地塞进竹筐中用来招待客人。
使用能让人觉得温馨的砂锅焖饭，焖出的米饭也被装扮得五颜六色。

展现秋季田园风情的竹筐饭

使用的容器

- 直径约60厘米的竹筐
- 直径约6厘米、高约5厘米的陶制小钵
- 直径约6厘米的竹筐

先将较大的食物放进竹筐

将一叶兰铺在竹筐内需要直接摆放料理（无容器）的地方，再将盛有什锦芜菁的容器放入竹筐中。

在注意料理整体协调感的同时，放入稍小的食材

放入比什锦芜菁稍小的幽庵烤鲑鱼①和柠檬锅凉拌鲑鱼子，注意料理的整体协调感。

放入并整理最小的食材

将莲藕、清炸（不裹淀粉或煎炸粉直接炸）银杏等小块的料理放入筐中空余的地方，并整理细节之处。

① 由日本近江茶人北村幽庵首创，故命为幽庵烤鲑鱼

食谱

材料（4人份，照片为3人份）

什锦芜菁

芜菁……4块
虾……4个
银杏……4粒
百合根（剥下鳞茎）……1/4个
豆角……4根
蟹味菇……4根
菊花……1朵
酱汁A（鲜汁汤300毫升、淡口酱油1茶匙、盐1/4茶匙）
酱汁B（鲜汁汤150毫升、淡口酱油1茶匙、料酒2茶匙）
水淀粉……适量

柠檬锅凉拌鲑鱼子

柠檬……4个
萝卜泥……2杯（使用量杯，一杯约200毫升）
淡口酱油……少许
鲑鱼子、三叶草（煮熟并切成1厘米长的小段）……各适量

幽庵烤鲑鱼

鲑鱼肉……1片
酱汁A（酱油、日本酒、料酒各50毫升）
蛋黄酱……适量
鲑鱼子……适量

橡子鹌鹑蛋

水煮鹌鹑蛋……4个
酱油……适量
橡子……适量

松叶蟹味菇

蟹味菇……4根
酱汁A（鲜汁汤800毫升、料酒2茶匙、淡口酱油2茶匙）

清炸银杏和清炸藕片

银杏……8粒
莲藕（切薄片）……8片
色拉油……适量

水面筋

小西红柿、手工面筋……各适量
酱汁A（鲜汁汤200毫升、料酒2汤匙、盐1/3茶匙）

做法

什锦芜菁

① 将芜菁剥皮，取茎。倒入加入少许米的水中，开火煮至去除苦味。将酱汁A煮沸，倒入芜菁茎，稍煮片刻便可关火，待其冷却后捞出。
② 盐水焯熟虾、银杏、百合根和豆角，将虾和豆角切成1厘米左右的小段，再将这些食材和蟹味菇一同放入酱汁B中煮，煮熟后加入已经焯熟的菊花瓣，倒入水淀粉勾芡即可。
③ 将芜菁茎盛入容器，淋上步骤②中制成的酱汁即可将其放入竹筐中。

柠檬锅凉拌鲑鱼子

① 用菜刀在柠檬顶端切出小口，挖出柠檬果肉（请参照P147“水果篮的制作方法”）。
② 将淡口酱油倒入萝卜泥中使萝卜的味道变淡，加入鲑鱼子、三叶草进行搅拌。
③ 将步骤②的混合物塞入柠檬皮中，并将其放入竹筐。

幽庵烤鲑鱼

① 将鲑鱼肉切为4等份，并用酱汁A腌渍20分钟。
② 将鲑鱼烤至颜色略微焦黄。用蛋黄酱涂抹整片鱼肉后再次烤制，烤熟后即可放入竹筐。

橡子鹌鹑蛋

用酱油腌渍带皮水煮鹌鹑蛋，放置一晚。用水将已经腌渍好的鹌鹑蛋洗净并剥壳。将鹌鹑蛋放入橡子的果实里，并放入竹筐中。

松叶蟹味菇

① 将酱汁A煮沸，加入蟹味菇后继续煮5分钟左右。
② 将蟹味菇捞出，控干水分后，刺入松针作装饰，并将其放入竹筐中。

清炸银杏和清炸藕片

锅中倒入色拉油，待油温热后倒入银杏和莲藕片炸。用盐涂抹炸好的银杏后将其盛入容器并放入竹筐中。

水面筋

将酱汁A所需材料混合并煮沸，将手工面筋倒入酱汁中煮约3分钟，关火，待酱汁冷却后捞出。与小西红柿一同放入竹筐中。

秋鲑蘑菇饭

使用的容器

✿ 直径约35厘米的砂锅

将色彩诱人的菊花瓣散在锅中

将2种颜色的菊花撒在焖好的饭上，注意整体协调感，不要将同一种颜色的花瓣聚堆摆放。

将用模具切好的南瓜等食材撒在米饭上

将用模具切成叶子形状的南瓜和胡萝卜撒在米饭上，营造出银杏和枫叶散落在地面上的感觉。

加入彩色的鲑鱼子

将鲑鱼子堆叠成与南瓜和胡萝卜同样大的小堆，放在米饭上。

食谱

材料（4人份）

大米……0.15升

糯米……0.05升

生鲑鱼肉……2片

蟹味菇……100克

油炸豆腐……1块

酱汁A（鲜汁汤400毫升，日本酒、淡口酱油、料酒各1茶匙，盐少许）

香葱（斜切）、菊花（摘下花瓣、煮熟后，加入甜醋）、鲑鱼子……各适量

胡萝卜、南瓜（用模具切，加入100毫升鲜汁汤、2茶匙料酒、1茶匙淡口酱油和少许盐煮熟）……各5片

做法

① 将大米和糯米淘净，放入水中浸泡片刻，沥干水分。将生鲑鱼肉切块，将油炸豆腐切丝。将蟹味菇去根、撕成粗丝。

② 将酱汁A煮沸，加入油炸豆腐丝和蟹味菇丝再稍煮片刻。

③ 将大米和糯米放入砂锅后倒入步骤②的混合物，开大火煮。锅烧开后将火调小，继续加热10分钟，10分钟后再次将火调小煮7~8分钟，关火。迅速放入鲑鱼肉并盖上锅盖，等待10分钟左右将鲑鱼肉闷熟。

④ 将香葱、菊花、胡萝卜、南瓜撒在米饭上，加入鲑鱼子即可。

年夜饭套盒第一层

使用的容器

- 约14厘米×14厘米、高约5厘米的漆制套盒
- 直径约5厘米、高约4厘米的陶瓷小钵

摆盘的顺序

将醋拌菜、黑豆、金团放入小钵，再用甘露子装饰黑豆，用金箔装饰金团。将盛装以上食材的小钵呈斜线状摆在套盒中。接着将鱼糕和刀拍牛蒡[1]放入套盒的剩余两个角中。最后将海带、小鳀鱼干、干青鱼子、煮面筋放入盒中空余位置。

食谱

※以下食材数量均为便于调制料理的量

醋拌菜

材料
萝卜……400克
胡萝卜……90克
酱汁A（醋、水各100毫升，白砂糖2汤匙）
辣椒（去子）……1根
盐……少许
做法
① 将萝卜和胡萝卜切成细丝，加入少许盐揉搓均匀，控干水分。
② 将酱汁A所需材料混合后，开火煮至白砂糖融化。白砂糖融化即可加入辣椒，放入萝卜丝和胡萝卜丝拌匀即可。

酱油腌青鱼子

材料
干青鱼子……5根
酱汁A（鲜汁汤400毫升，酱油30毫升，日本酒、料酒各25毫升）
干鲣鱼片……1把
做法
① 将干青鱼子放入淡盐水中腌渍一晚，用清水洗净后去皮，擦去其表面水分。
② 将酱汁A所需材料混合并煮沸，放入干鲣鱼片后立刻关火，待其冷却。将步骤①中的青鱼子放入酱汁中静置一晚。

酱油腌渍的带籽海带

材料
海带……适量
酱汁A（无酒精料酒、鲜汁汤各100毫升，淡口酱油、酱油各25毫升）
干鲣鱼片5克
做法
将海带切成适当的大小。混合酱汁A所需材料并煮沸，加入干鲣鱼片后再煮1分钟，煮沸后待其冷却。将带籽海带放入酱汁中腌渍半日以上。

黑豆

材料
黑豆……100克
水……150毫升
白砂糖……160克
酱油……1茶匙
甘露子……适量
小苏打……1茶匙
做法
① 将黑豆洗净，用淘米水浸泡后捞出，将厨房用纸盖在黑豆上放置一晚。锅中加入1升水（分量外），随后加入小苏打，加入黑豆后用大火煮至沸腾，盖上锅盖转小火继续煮，煮至黑豆绵软（需要2小时左右）。黑豆变得绵软之后关火，待其完全冷却。
② 当锅盖上汇集的蒸汽水开始流入锅中时，开小火继续煮。
③ 另起一口锅烧热水，水沸腾后将绵软的黑豆放入其中再煮10分钟左右。
④ 再另起一口锅，倒入150毫升水，加入100克白砂糖，随后开火，煮至水沸腾且白砂糖融化即可。
⑤ 将步骤③中的黑豆倒入步骤④中的糖水中，为使黑豆入味需用纸将锅遮盖，用小火慢炖约20分钟，关火后待其冷却。冷却后再加入60克白砂糖及甘露子开小火煮，煮至白砂糖融化后倒入酱油并关火，最后等待其冷却。

小鳀鱼干

材料
小鳀鱼干……50克
酱汁A（日本酒50毫升，白砂糖、酱油各1汤匙）
炭烤腰果（小方块）……25克
做法
① 将小鳀鱼干炒熟，并用筛子筛去碎屑。
② 将酱汁A所需材料混合煮沸，煮到酱汁黏稠时倒入①中的小鳀鱼干，用筷子将其搅拌均匀后铺开凉凉，最后加入炭烤腰果即可。

刀拍牛蒡

材料
牛蒡……1根
酱汁A（鲜汁汤100毫升，淡口酱油、料酒各1/2汤匙）
酱汁B（白芝麻酱2茶匙，醋、白砂糖、淡口酱油各1/2汤匙，白芝麻少许）
做法
① 将牛蒡切成约5厘米长的小段，竖着将其切为六等份，然后放入醋水（材料外）中浸泡以去除涩味。将其放入加了醋（材料外）的热水中煮到去除涩味之后捞出，控干水分。
② 将酱汁A所需材料混合并煮沸，加入牛蒡继续煮10分钟，捞出、控出水分。
③ 将酱汁B所需材料混合，如果步骤②中煮好的牛蒡仍然较硬，需延长其在酱汁A中煮的时间。如牛蒡已煮软，就与酱汁B混合并搅拌均匀。

金团

材料
红薯……250克
糖水栗子……10个
酱汁A（水100毫升，白砂糖100克，料酒2汤匙，盐1/4茶匙）
栀子……1个
金箔……少许
做法
① 将红薯去皮，切成约2厘米宽的厚片，与栀子一同煮熟后用筛网过滤。
② 将酱汁A所需材料混合，大火煮至白砂糖融化。
③ 将红薯与栀子一同倒入步骤②中制成的酱汁中用小火煮，边煮边搅拌，加入糖水栗子继续搅拌，最后关火待其冷却。

水面筋

材料
手工面筋……适量
酱汁A（鲜汁汤200毫升，料酒2汤匙，盐1/3茶匙）
做法
将手工面筋用水洗净，切成适当大小。将酱汁A所需材料混合并煮沸，加入手工面筋煮3分钟，关火后待其冷却即可。

缰绳鱼糕

材料
鱼糕（红色和白色）
做法
将鱼糕切成约1厘米宽的长段后，将红色的鱼糕制成缰绳状（详情参照P56）。

---

① 用刀身拍松水煮牛蒡，放入芝麻醋中或煮熟食用

第二层

摆盘的顺序

将锦蛋[1]放入套盒的最里面，放入西京烤鲕鱼，再用糖醋藕片将艳煮（将食材煮得有光泽）的虾与其他食材隔开。将鸡肉团子、食荚豌豆、糖煮百合根放入套盒，再将糖醋芜菁、糖煮金橘放入套盒靠近自己的位置。最后放入黑豆和水面筋即可。

食谱

※以下食材数量均为便于制作料理的量

锦蛋（一个 11 厘米 ×5 厘米 ×3 厘米的固形模具的量）

材料

水煮蛋……3~4个

白砂糖……3汤匙~7/2汤匙

盐……1小搓

做法

① 将水煮蛋的蛋黄和蛋清分离，并用筛网过滤。

② 取三根筷子，将筷子尖将蛋清压碎。加入3/2~2汤匙的白砂糖和1小撮盐，搅拌均匀。将蛋黄按照同样的方法压碎，加入3/2汤匙的白砂糖和1小撮盐，搅拌均匀。

③ 将步骤②中压碎的蛋清放入固形模具中压平，将蛋黄碎放在蛋清上。将固形模具放入蒸笼中用中火蒸8分钟。最后将锦蛋切开，放入套盒中。

西京烤鲕鱼

材料

鲕鱼肉……3片

豆酱……200克

料酒……2~3汤匙

盐……适量

做法

① 在鲕鱼表面均匀地抹盐，放置30分钟控出水分，并将其切成适当的大小。将料酒倒入豆酱中搅拌均匀，涂在鲕鱼上，再用纱布包裹鲕鱼腌渍1~3天。

② 拆开步骤①中鲕鱼身上的纱布，将鲕鱼烤至略微焦黄，刷一层料酒（分量外）并放置在一旁冷却。

糖醋藕片

材料

藕……5厘米

酱汁A（水、醋各100毫升，白砂糖3汤匙，盐少许）

做法

① 莲藕切成薄片，将莲藕的孔合在一起，切除其外皮。放入醋水（分量外）中煮熟，煮熟后静置至其冷却。

② 将酱汁A所需的材料混合煮沸，待其冷却后将步骤①中的藕片放入其中腌渍片刻。

艳煮虾

材料

虾（带头）……10个

酱汁A（日本酒200毫升，料酒100毫升，白砂糖2汤匙，淡口酱油1汤匙）

生姜片适量

做法

将酱汁A所需的材料混合煮沸，煮至酱汁浓缩为原来的1/5。将虾放入酱汁中煮5分钟左右，加入生姜片后放在一旁待其冷却。

鸡肉团子

材料

食材A（鸡肉泥200克，鸡蛋1个，淡口酱油2茶匙，白豆酱1汤匙，白砂糖1汤匙）

酱汁B（鲜汁汤400毫升，淡口酱油3汤匙，白砂糖1汤匙，料酒2汤匙，切片的生姜1片）

做法

① 将食材A所需材料混合并搅拌均匀，将其搓成丸。

② 将酱汁B所需材料混合均匀并煮沸，加入步骤①中的丸子，煮熟后关火待其冷却。

糖煮百合根

材料

百合根……2个

水、白砂糖……各200毫升

盐……少许

做法

① 将百合根洗净，摘去根须，切成花朵的形状（参照P56），放入水中浸泡以去除其涩味。捞出控水，放入蒸笼蒸10分钟。

② 将水、白砂糖和盐混合均匀，倒入锅中煮至白砂糖完全融化。加入步骤①中蒸好的百合根，用小火继续煮5分钟，关火后待其冷却。

糖醋芜菁

材料

芜菁……2块

酱汁A（水、醋各100毫升，白砂糖3汤匙，盐少许）

胡萝卜（切成长度约为1厘米的细丝）……少许

海带……少许

做法

① 将芜菁切成约3厘米的小方块，在底部改刀，切成边长约1毫米的网格状。改刀时可以取两根竹扦放于芜菁前后，防止芜菁块被切透。

② 将步骤①中的芜菁块与胡萝卜丝一起放入加了少许海带的盐水中，泡软后控出其水分。

③ 将酱汁A所需材料混合煮沸，冷却后加入步骤②中制好的食材腌制片刻。控出水分后将胡萝卜放在芜菁中间进行点缀。

糖煮金橘

材料

金橘……10个

白砂糖……150克

水……150毫升

做法

① 在金橘皮上切出一个小口，再用竹扦穿过小口去子。将去子的金橘稍稍过一下水后捞起控出水分。

② 将水和白砂糖混合，煮至白砂糖融化。加入步骤①中的金橘后盖上纸锅盖[2]，小火煮五分钟即可关火冷却。

其他

将食荚豌豆煮熟，待变色后捞出，将其对半斜切。黑豆需参照第一层的做法，插入松叶后用金箔进行点缀。水煮面筋也需要参照第一层的做法。

按照后、中、前的顺序对想要重点突出的食材进行摆盘

将套盒分为后、中、前三个部分，分别放入你想要重点突出的食材。先将艳煮过且颜色鲜亮的虾盛入套盒，再将鸡肉团子，食荚豌豆以及外形优美的糖煮百合根放入套盒即可。

---

① 将煮鸡蛋的蛋清与蛋黄滤开调味，然后用做寿司的竹帘卷起，或放入模具中压成各种形状后，蒸熟而成

② 用纸做成的锅盖，能够防止食材被煮碎

第三层

摆盘的顺序

将缰绳魔芋、海带卷分别放入套盒的两个角内，再将切成梅花状的胡萝卜放入这两个角之间的对角线处，剩下的两个角放入白煮[①]虾芋[②]和水煮香菇。对角线旁可以放入盾豆腐[③]、清煮竹笋、水煮牛蒡、糖煮慈姑。鲜面筋放在其他食材之上，对角线旁的空隙中需分别放入三片重叠的豌豆荚。最后用黑豆稍作装饰。

食谱

※以下食材数量均为便于制作料理的量

缰绳魔芋

材料

魔芋……1块

酱汁A（鲜汁汤200毫升，料酒1汤匙，白砂糖1汤匙，酱油3/2汤匙，去子红辣椒1/2根）

做法

魔芋切成厚度约为1厘米的小块，在魔芋中间纵向切出一道切口，通过该切口将魔芋拧成缰绳状。

糖煮慈姑

慈姑……5个

栀子……1个

白砂糖……1/2杯

水……100毫升

盐……少许

做法

① 慈姑去皮，切成梅花状或松球状后放入水中，去除涩味后捞出控水。控水的同时将栀子放入水中煮15分钟。

② 将白砂糖、水、盐混合倒入锅中，煮至白砂糖融化后加入栀子，小火再煮5分钟左右即可关火，待其冷却。

白煮虾芋

材料

虾芋……3个

酱汁A（鲜汁汤500毫升，白砂糖30克，料酒40毫升，淡口酱油20毫升，盐1茶匙）

鲣鱼干片……5克

淘米水……适量

做法

① 虾芋切成六边形小块（将虾芋切除其侧面制成六边形）。放入淘米水中煮，煮至虾芋软糯且竹扦可轻松插入后即可捞出控水。

② 将酱汁A所需材料混合煮沸，再将煮鲜汁汤用的鲣鱼片用纱布包起，同步骤①中的虾芋一同放入酱汁中，小火煮15~20分钟即可关火冷却。

梅花胡萝卜

材料

胡萝卜……1根

酱汁A（鲜汁汤200毫升，料酒1汤匙，盐1/4茶匙，白砂糖1汤匙）

做法

① 将胡萝卜切为厚度约6毫米的薄片，切成梅花形（参照P56）。放入冷水锅中煮，水沸腾后再煮15分钟捞出，控出其水分。

② 将酱汁A所需材料混合并煮沸，加入步骤①中煮好的胡萝卜后继续煮15~20分钟，关火后待其冷却。

清煮竹笋

材料

水煮竹笋……1根

酱汁A（鲜汁汤100毫升，淡口酱油、料酒各1汤匙）

做法

① 将竹笋快速过水焯一下，去除其中涩味，并切成适当的大小。

② 将酱汁A所需材料混合并煮沸，加入步骤①中的竹笋后小火继续煮15~20分钟，关火待其冷却。

盾豆腐

材料

高野豆腐……3块

酱汁A（鲜汁汤400毫升，白砂糖、酱油、日本酒各1汤匙）

做法

① 将高野豆腐[④]放入水中泡发，控出水分后切成4等份。

② 将酱汁A所需材料混合并煮沸，加入步骤①中的豆腐后小火继续煮20分钟，然后关火待其冷却。

③ 将铁扦烧热，在豆腐表面烫出2条焦线。

水煮香菇

香菇……8朵

酱汁A（鲜汁汤200毫升，白砂糖、酱油、料酒各2汤匙）

做法

将香菇去柄，在表面切出六角形。将酱汁A所需材料混合并煮沸，加入香菇后盖上锅盖，煮至汤汁收干。

水煮牛蒡

牛蒡……1根

酱汁A（鲜汁汤400毫升，酱油3汤匙，料酒4汤匙，三温糖（1汤匙）

做法

① 将牛蒡切成长度约4厘米的小段，去心后放入醋水（分量外）中浸泡去除涩味。

② 将酱汁A所需材料混合并煮沸，加入步骤①中的牛蒡后盖上锅盖，煮至汤汁收干。

海带卷

材料

日高海带[⑤]……15片

软鲱鱼干……2根

葫芦干……30克

白砂糖……100克

日本酒……100毫升

酱油……70毫升

做法

① 将软鲱鱼干纵切为2~3等份，再将其切为7~8厘米的小段（制作出15个棒状鲱鱼肉干）。

② 将日高海带纵向摆放，靠近自己的一侧放上一根鲱鱼肉干。

③ 在葫芦干抹盐（分量外）后揉搓片刻，分为15等份，缠绕日高海带与鲱鱼肉干。

④ 放入粗茶（分量外）中，使粗茶刚好能够浸没海带卷，煮沸后盖上锅盖，再煮2~3小时。煮的过程中若水分蒸发可添加适量清水。煮好后加入白砂糖再煮20分钟，加入日本酒和酱油，煮1.5小时后取掉锅盖，煮至汤汁浓稠即可。

其他

豌豆荚煮至变色，将两端切成箭头状。将松针刺入黑豆（做法参照第一层），加以金箔装饰。手工面筋也参照第一层的“水煮面筋”的煮法。

---

① 日本风味煮菜之一。煮菜时不加入酱油，以木鱼花即鲣鱼干片汤代水，以将汤的浓味煨到菜中去

② 又称海老芋，芋头品种之一，产于日本京都市东寺一带

③ 外表被制成盾牌状的豆腐

④ 将低温制成后干燥保存的豆腐冷冻

⑤ 日本日高地区所产的海带，泡发后切成7厘米 × 15厘米的长方形

每道年夜饭料理都自由摆盘
打造现代时尚感

选取一人份的年夜饭料理，将食材散落在盘中，同时注意整体协调感，打造轻快的摆盘形象。

放入小型容器，享受揭盖的乐趣

将金团、醋拌菜放入容器，盖上盖子。再将颜色靓丽的料理放入透明的玻璃容器中，能够令食客们享受透过玻璃看到食物色彩的乐趣。

从较大的食物开始进行摆盘

为表现较为立体的摆盘层次，我们要先将带有容器的料理和像虾芋一样较大的料理放入盘中，再将其他较小的食材放入盘中的空隙处。

摆放较小的食材

选择红色和黄色等色彩靓丽食材的摆放位置，注重整体协调感。

用银箔作装饰

富有光泽的黑豆是点睛之笔，即使是少量的黑豆也能提升料理的整体效果。

使用的容器

- 约12厘米×30厘米的浅平底碟
- 直径约5厘米、高约4厘米的带盖陶瓷小钵
- 直径约5厘米的带盖玻璃豆碟

食谱

各自摆盘的年夜饭

料理（4人份）

年夜饭料理的制作方法除了鱼肉末鸡蛋卷外其余均参照P45~P47。

鱼肉末鸡蛋卷……4块
醋拌菜、金团、锦蛋……均适量
白煮虾芋、盾豆腐、鸡肉团子、黄瓜（切成厚度约1厘米的薄片）、糖醋芜菁、梅花胡萝卜、糖煮慈姑……各4块
水煮牛蒡……12块
艳煮虾……4条
鱼糕（用模具切成梅花状）、水煮面筋（兔子状的手工面筋）、黑豆……各8个
豌豆荚（煮熟后将两端切成箭头状）……12片
咸鲑鱼子……8粒
银箔……少许
糖醋藕片……8片
松针……适量

※ 鱼肉末鸡蛋卷的材料
鸡蛋……3个
白砂糖……50克
虾夷盘扇贝肉……30克
鱼肉山芋饼……30克
料酒……1汤匙
盐……少许

做法

① 制作鱼肉末鸡蛋卷。将所有食材放入搅拌机中，打碎并搅拌均匀。
② 将鱼肉末鸡蛋卷铺在烤盘中并放入预热至180℃的烤箱20分钟。
③ 取出后，趁热用竹帘卷成卷，待其冷却后切开。
④ 将醋拌菜、金团放入容器中。将锦蛋组合成木偶的样式进行摆盘。再将水煮牛蒡斜切令其表面呈斜坡状后盛入盘中。
⑤ 将松针刺入黑豆中。用牙签同时穿过鸡肉团子和黄瓜。
⑥ 将步骤③、步骤④中制成的料理和白煮虾芋、盾豆腐、5个鸡肉团子、艳煮虾、糖醋芜菁、梅花胡萝卜、糖煮慈姑、鱼糕、水煮面筋一起盛入容器，再加入三枚重叠在一起的豌豆荚做点缀。用咸鲑鱼子装饰鱼糕，用银箔点缀黑豆，最后再将糖醋藕片放入盘中即可。

日本料理店“梢”的摆盘技巧

位于东京的豪华酒店柏悦酒店（Park hyatt）的料理店“梢”自开业来就备受食客们喜爱。

这家料理店在坚持制作传统日本料理的同时，还能够推陈出新，给食客带去新鲜感。这家店的摆盘也创意感十足。

以创造植物系情景的大盘、大钵做容器进行摆盘

“梢”的摆盘并非传统怀石料理那般一人一份分别盛盘，而是将料理盛放在一起，由客人们自行夹取。他们想让客人们相互接触、互动，更加愉快地度过用餐时光。所以在这家店里，用大盘盛装日本传统料理并不稀奇。

“用唐津瓷器盛放的料理外表美观，让人百看不厌，所以非常受食客欢迎”，“梢”的厨师长大江先生说。用植物做容器盛放出的料理能够给让人觉得温馨，备受人们喜爱，所以店里的容器兼具“唐津瓷”和“植物外观”两种特点。这一次我们以“使用大钵，一器多用”为主题，利用唐津瓷器的单嘴钵（一种一边注嘴突出的钵）进行各式各样的摆盘，希望大家提出建议。

大江宪一郎先生自“梢”开店以来就开始担任该店的厨师长，掌握着许多关于摆盘的深奥知识和技巧。此外，他的创意柔软与感性并存，令“梢”的料理能够充分展现自身特点，并获得了长足发展。

生鱼片

(金枪鱼腹肉，腌入海带香味的比目鱼，日本对虾，生紫菜，珊瑚菜，萝卜须，山葵)

容器中的食材呈不等边三角形分布是大江先生最常用的摆盘方式之一。将生紫菜、萝卜须等食材摆放成不等边三角形，能够营造出绝妙的协调感。

食谱

在钵内铺满冰块。用两片海带将比目鱼夹紧片刻，使海带味浸入鱼肉中。依次盛入金枪鱼腹肉，比目鱼、日本对虾。最后加入生紫菜、萝卜须、山葵和珊瑚菜点缀即可。

将生紫菜捏出形状，立在容器中。再将山葵和萝卜须捏成小球等，打造充满创意的摆盘。

容器　中川自然作坊 唐津单嘴钵

八寸[1]

(三宝柑锅　烤鲐鱼寿司，鸡蛋蛋糕，自制干鱼子，芥末红魔芋，海带，干炸慈姑，艳煮蚕豆，白底香菇荷兰煮)

三宝柑，是日本和歌山县的柑橘类特产，许多料理都可以盛入颜色鲜黄的三方柑锅内，能够令食客们食指大动，堪称宴会极品。

荷兰煮，一种料理手法。将食材油炸或炒熟后，加入酱油、料酒、日本酒、鲜汁汤以及辣椒等调味料一起炖。

食谱

掏出三方柑的果肉，铺入怀纸[2]，依次将料理盛入其中。然后盖上三方柑锅盖，将其放入单嘴钵中，最后打开一个三方柑的盖子。

将一个去掉盖子的三方柑放在单嘴钵的中间。一边用手扶，一边用筷子进行摆盘。

① 怀石料理酒宴中的下酒菜，因盛在八寸方形山木盆中得名。

② 一种日本纸，可用来包点心、抄写诗歌或者擦盘子等。

烧烤

（西京烤鲅鱼，绿萝卜海带结）

“杉盛”，是日本料理的一种摆盘方法，在摆盘时会将食材堆叠成圆锥形。同时容器的左右分别留有约三成的空白，以凸显食材的高度。

食谱

取少许盐轻轻揉搓绿萝卜，然后将海带打结。将西京烤鲅鱼盛入容器，再将撒有少许芝麻油的绿萝卜盛盘。

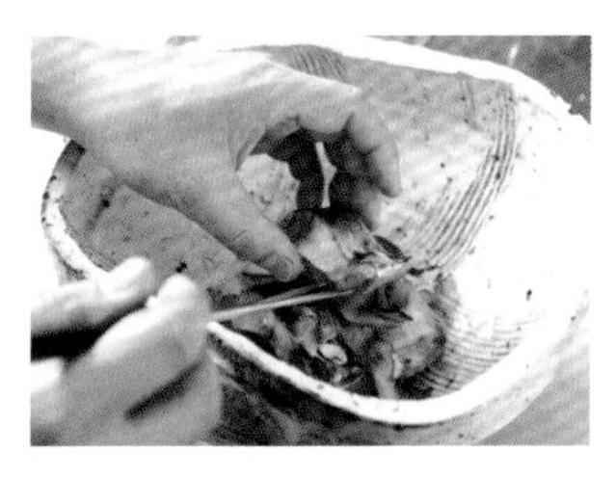

将西京烤鲅鱼逐个重叠地放入容器中央，将其垒成圆锥形。

进肴[1]

（水煮带骨土鸡，新笋，圣护院芜菁，海带，冬菇，白菜卷，三星葱，姜丝，花椒芽）

圣护院芜菁，芜菁的一种，产于日本京都圣护院附近。
所谓“寄盛”是日本料理的一种摆盘方法，这种摆盘方法要将复数数量的食材堆在容器中央制成“小山”。然后盛入少量鲜汁汤并使容器留有空余，营造温馨的气氛。

食谱

将海带铺在碗底，将圣护院芜菁、水煮带骨土鸡、新笋、冬菇、白菜卷堆叠在容器中央，并在其侧面放入三星葱。倒入鲜汁汤后，加入姜丝和花椒芽点缀即可。

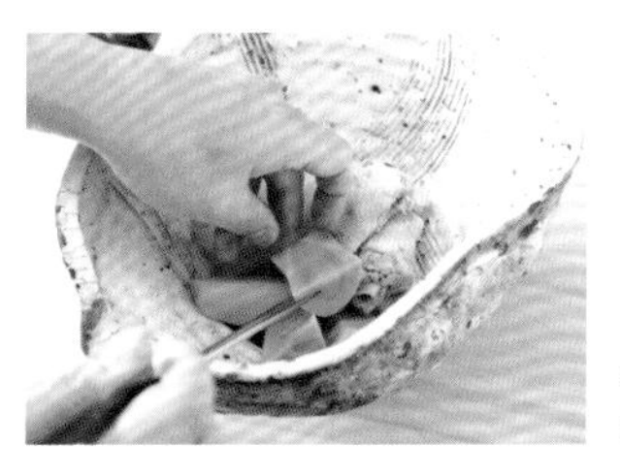

将所有食材逐个放入容器，堆成小山状。

柏悦酒店（Park Hyatt）东京 梢

该店以“传统的创新”为理念，为顾客提供饱含食材原味的日本料理。同时，该店也准备了8000多件艺术家制作的容器，其中以创造植物系情景的大盘子和大钵为主。客人们可以通过店内巨大的窗户尽情眺望富士山，尽享富士山的景色。价格：白天3900日元起，夜晚1.3万日元起。食客若在夜间光临还会赠送精美料理。

地　　点：东京都新宿区西新宿 3-7-1-2
　　　　　柏悦酒店 东京 40 层
电　　话：03-5323-3460
营业时间：11:30~14:30（L.O.14:00）
　　　　　17:30~22:00（L.O.）（L.O. 为停止下单时间）
休 息 日：无

※ 本书所介绍的料理，可能会因时间和采购情况发生变化，详情请电话咨询。

① 怀石料理的一道菜

使料理摆盘更华美的配菜

配菜能使料理兼备美观的外形与芳香的气味，只要依照食材本身的特点进行烹制，常见的食材都可以成为绝佳的配菜。一起试试用这些配菜摆盘吧！

日式料理配菜

日式料理中的配菜特征显著，不同的配菜能为食物增添不同的色彩和香气，甚至能营造出不同的季节特色，例如橙子象征着冬季，樱花象征着春季等。

- a 橙子（橙子丁状）……将橙子皮切丁。
- b 橙子（拨子状）……将橙子皮切成三味线[①]拨子的形状。
- c 胡萝卜（胡萝卜卷）……切法请参照下文。
- d 萝卜叶（蕨菜状）……请参照下文“风车的切法”。
- e 胡萝卜（胡萝卜卷）……切法请参照下文。
- f 野姜（丝）……将野姜切成丝。
- g 萝卜（萝卜卷）……请参照下文“胡萝卜卷的切法”。
- h 萝卜叶（藤蔓状）……切法请参照下文。·
- I 萝卜叶（风车状）……切法请参照下文。
- j 生姜（针状姜丝）……将生姜切成极细的丝。
- k 萝卜（丝状）……将萝卜切成丝。
- l 胡萝卜（胡萝卜卷）……切法请参照下文。
- m 黄菊……将黄菊的花瓣焯水烫熟。
- n 食用菊……将食用菊（紫色的菊花）焯水烫熟。
- o 黄瓜（竹篮状）……切法请参照下文。
- p 黑芝麻、白芝麻……可以将黑、白芝麻撒在炖菜和烩菜中。用手指碾碎后撒在食物中的芝麻为手捻芝麻。
- q 紫芽……红色的紫苏嫩芽，略带香气。
- r 紫苏花穗……刚开放的紫苏花穗。
- s 盐渍樱花……将樱花用盐腌制，制成盐渍樱花。
- t 红蓼……红蓼的幼芽，具有辛辣的口感。
- u 红鸡冠菜……海藻的一种。市场上多出售干燥或腌制好的红鸡冠菜，用水泡发后可以与生鱼片搭配食用。
- v 葱芽……极细的大葱。照片中是将一根葱的嫩叶捆扎成束。
- w 花椒嫩芽……花椒的芽。花椒口感爽利、气味清香，用途十分广泛，可以加入到炖菜、汤品或者烧烤等菜肴中。
- x 紫苏……紫苏叶的烹制方法多样，既可以直接使用整片叶子，也可以将其切丝与白萝卜泥混在一起使用。

胡萝卜卷的切法

胡萝卜旋切[②]成片，再按照胡萝卜纤维的方向将其两端斜切。随后在薄片上切出两道划痕（如图），注意要与两边的斜线平行。胡萝卜卷做好后，划痕会变成c或l的样子。

将胡萝卜片切成平行四边形，卷在沾了水的筷子上，使其弯曲。

藤蔓切法

切7~8厘米萝卜叶。垫2根竹扦，使用斜切法在整根萝卜叶上切出较密的刀痕。

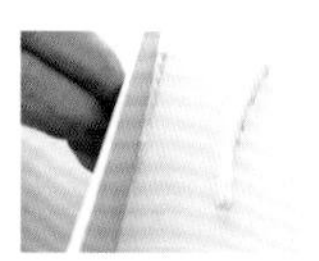

将萝卜叶纵切为3份并沾水。

风车切法

切5~7厘米的萝卜叶。垫2根竹扦，刀身竖直切下，在萝卜叶上切出较密的刀痕。

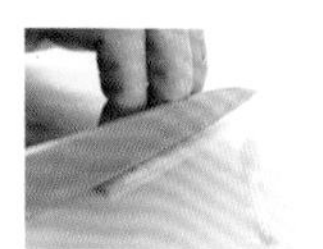

将萝卜叶纵切为3份后沾水。切刀痕时的萝卜叶外观，与d中的“蕨菜状”萝卜叶相似。

竹篮黄瓜的切法

切长度约为10厘米的黄瓜段，确定用哪一块做竹篮的底部后，切下薄薄的一层，以确保放置竹篮时更加稳固。切除黄瓜上半部分的一半，并切出把手的形状。切出把手后切除上半部剩余的黄瓜。

掏出黄瓜肉，使其带皮厚度为3~5毫米，以便放入作料。切去黄瓜段内侧两端的黄瓜肉。

---

① 三味线，日本传统乐器；拨子，通常以象牙、犀牛角、乌龟壳制成的拨动琴弦的工具

② 像削苹果皮一样旋转着削成又长又薄的片

西餐配菜

颜色靓丽的香草和香料等都可以用来点装饰西餐。蔬菜经过加工也可以变成可爱的配菜。

- a **甜罗勒子**……甜罗勒子适合用来与番茄搭配，是一种气味清爽的香草。
- b **香芹**……可直接将整串叶子放在肉类料理上，也可以切碎后撒在意大利面中。
- c **莳萝**……适合用来与鲑鱼搭配，且能够产生清爽香气的香草。
- d **迷迭香**……拥有十分浓烈的清爽香气的香草。做荤菜时常常用到。
- e **香叶芹**……一种气味甘甜的香草。
- f **意大利香芹**……多使用扁叶香芹。
- g **黄瓜，胡萝卜，萝卜**……即使是常见的蔬菜，也能通过挖果器制成可爱的球形配菜。
- h **细香葱**……类似于香葱的一种葱，细长的线条能够打造出更富动感的摆盘。
- i **樱桃番茄**……色彩鲜艳的樱桃番茄是一种能够轻松驾驭的配菜。
- j **粉盐**……粉色的岩盐。因为富含铁元素，所以外表为粉红色。
- k **青柠**……切法参照下文。螺旋状的外观会使料理的外观变得生动。
- l **粉红胡椒**……是一种与黑胡椒相比辛辣味更温和的香料。
- m **胡椒**……研磨成粗粒的胡椒可以同岩盐一起放入肉料理中。
- n **薄荷**……除了甜点，薄荷与P79的肉汁烩饭等口味厚重的料理相配也十分美味。
- o **小番茄**……直径为7~8毫米，味道浓郁的番茄。

青柠的装饰切法

用柠檬装饰刀将柠檬皮切成细条，依照个人喜好选取长度。

将切下的柠檬皮卷在筷子上，令其卷曲。

中餐配菜

葱白丝是最具代表性的中餐配菜。除了这里介绍的配菜，枸杞的果实颜色可爱，也可以作为配菜使用。

- a **葱白丝**……将葱白部分切丝，放入水中去除涩味。
- b **花椒**……具有独特的辣味和清凉感。
- c **松子**……松树的种子。气味清香，口感酥脆。
- d **辣椒**……可以切成车轮状、丝状等各种形状。不仅能为料理增加辣味，也能为料理增添色彩。
- e **辣椒丝**……将辣椒晒干后切成丝，辣味变淡。

正月里能够经常用到的装饰切法

雕花在年夜饭中经常出现，且备受人们喜爱。只需要花费少量时间就能制作出的雕花，放入宴会料理中，能够瞬间提升宴会料理的美感。

- a **梅花慈姑**……梅花慈姑的外表同寓意美好的“松竹梅”中的梅。切法同梅花胡萝卜。
- b **缰绳鱼糕**……缰绳代表骏马，寓意吉祥。魔芋也可以用此切法。具体切法请参照下文。
- c **梅花胡萝卜**……同梅花慈姑一样，外观像“松竹梅”中的梅。切法请参照下文。
- d **松树慈姑**……外观同寓意美好的“松竹梅”中的松相似。切法请参照下文。
- e **牡丹百合根**……将略粗的百合根切成牡丹状。切法请参照下文。
- f **松针橙子**……看起来像松针的橙子皮。制作碗物时经常用到。切法请参照下文。

松针橙子组合的切法

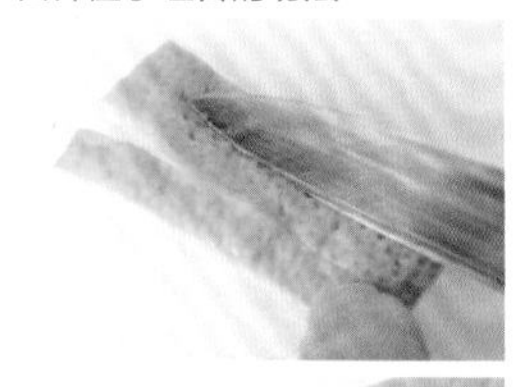

将橙子皮切成长方形，在每根橙子皮上都切出一道刀痕。我们能够轻松地将橙子两端扭转并穿过刀痕，将它们组合在一起。

缰绳鱼糕的切法

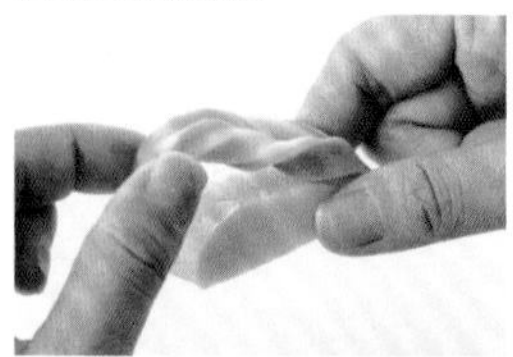

保留鱼糕的一端并将其余较圆滑的部分（上部带颜色的部分）平切切开，厚度约为5毫米。在其中央切出一道刀口，将一端穿过刀口制成缰绳状。

牡丹百合根的切法

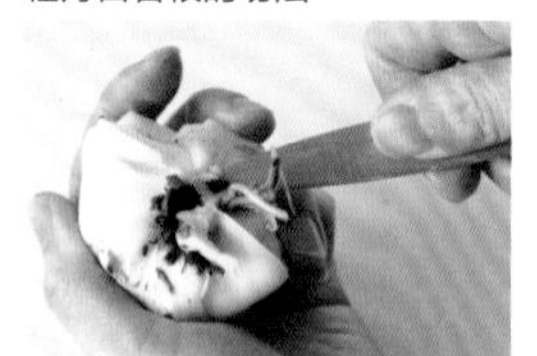

用菜刀的刀尖剔除百合根的根。

依照百合根鳞茎（片状）的曲线将其切圆。修整好的鳞茎片外侧较短，内侧稍长。

松树慈姑的切法

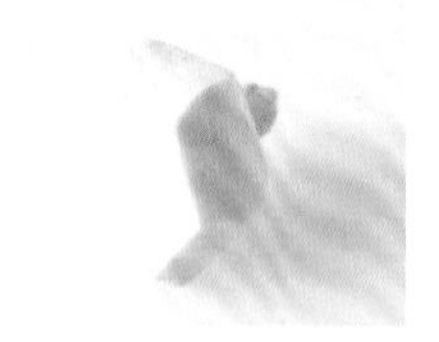

将慈姑底部切平，并切成正六边形。将侧面切成六个长方形后，剥去侧面的皮。

将慈姑横向一分为二，且上下等距。将相邻两个侧面的棱角相互交错开摆放。

梅花胡萝卜的切法

用模具将胡萝卜切成梅花状，由外向梅花的中心斜切出5道切口。外侧切口的深度为3~5毫米。

沿着相邻的两道切口斜切，使切出的每片花瓣都一侧高一侧低。

第二章

西餐摆盘

西餐摆盘的技巧

与日式料理相比，西餐并没有严格的摆盘规则。下面将以具有代表性的西餐为例，向大家详细介绍西餐的摆盘技巧。

沙拉

叶子蔬菜、番茄、西蓝花等传统沙拉食材，在摆盘时堆叠成锥形也能令人食指大动。

将秋葵竖着摆放，使摆盘呈现立体效果

以西蓝花作为基底，将秋葵和食荚豌豆等细长的蔬菜竖着摆在西蓝花上。

将叶类蔬菜整理蓬松再进行摆盘

容易变软的叶类蔬菜需在摆盘前调味并拌匀，整理蓬松后再进行摆盘。

要点 2 打造松软且蓬松的形象

与日式料理相同，高山状的外观能使西餐看起来更有食欲。所以将食材摆放在容器中央也是西餐摆盘的基本规则。

要点 1 色彩鲜艳的食材要最后放入盘中，摆盘时需注意整体协调感。

番茄等红色的蔬菜非常显眼，所以要在其他蔬菜都摆入盘中后再放入相应的位置，以使整体协调。

食谱

奶油沙拉

材料（4人份）

时令蔬菜（如照片中的西葫芦、西蓝花、食荚豌豆、秋葵、蚕豆、豆角、四季豆、荚果蕨、红萝卜、樱桃番茄、豌豆芽和意大利香芹）、喜欢的调料均适量

芳香醋（将白葡萄酒发酵并经熟化制成，是意大利的传统醋），罗勒酱（请参照p78的“炭烤鲷鱼和夏季蔬菜”的做法②）……各少许

做法

① 西葫芦切成厚度约5毫米的薄片。将西蓝花分成小块。

② 将西葫芦和西蓝花，同食荚豌豆、秋葵、蚕豆、豆角、四季豆、荚果蕨一同放入加有许多盐的热水中，煮至蔬菜有嚼劲后捞出，放入冰水中冰镇片刻，控干水分后切成适当的大小。

③ 将红萝卜切成薄片，樱桃番茄切成梳子状。

④ 将豌豆芽切成2~3厘米的小段，加入调料拌匀。

⑤ 将步骤②中的蔬菜盛入容器，在顶端放入豌豆芽做点缀。再将红萝卜和樱桃番茄放入容器，用意大利香芹做点缀。最后倒入芳香醋和罗勒酱即可。

汉堡肉饼

西餐中主菜和配菜摆盘的绝佳方式，就是打造出配菜的立体效果。

将传统的配菜堆积起来以打造新鲜感

将马铃薯泥挤进圆形模具中，制成与西葫芦片直径相同的厚片。将烤胡萝卜片也用同样的模具切成厚片。依次将胡萝卜片和西葫芦片放在马铃薯泥上。

用酱汁在容器的留白之处进行自由创作

将酱汁淋在料理上，用汤匙将酱汁滴在盘中的留白处，再用竹扦划线，画出漂亮的图案。

要点 1 多层堆叠的摆盘表现，打造整体立体感

首先决定汉堡肉饼摆放的位置，将汉堡肉饼一侧的配菜堆高，将另一侧的配菜摆得略低，以营造整体的立体效果。

要点 2 摆盘时为容器留白

为容器留有三四成空余之处，这是营造高雅摆盘的基本规则。如果浇淋酱汁范围过大的话，料理的高雅感则会降低甚至消失。

食谱

材料（4人份）

汉堡肉饼

牛肉……250克
猪肋肉……150克
盐……1茶匙
葱末……150克
鸡蛋……1个
面包糠……1/3杯
牛奶……5汤匙
黄油……适量
盐……6克
胡椒、肉豆蔻……各少许
色拉油……适量
青葱末……20克
波尔图葡萄酒……200毫升
黄油（酱汁专用）……50克

配菜

马铃薯……2个
胡萝卜、西葫芦各6厘米
芦笋……4根
罗马花椰菜……4块
鹌鹑蛋……4个
小番茄……4个
迷迭香……4根
嫩菜叶（发芽后第10~30日左右的嫩菜）……少许
牛奶……少许
肉豆蔻……少许
黄油……少许
盐……适量
醋……适量

做法

① 制作配菜：将马铃薯蒸熟、捣碎，加入少量牛奶稀释，并加入少许肉豆蔻调味。
② 将胡萝卜、西葫芦切成厚度为1.5厘米的圆片。在胡萝卜、西葫芦、芦笋、罗马花椰菜中倒入少量的水、黄油和盐后焖熟，并将芦笋切块。
③ 水煮沸后加入醋，打入一个鹌鹑蛋制成荷包蛋。
④ 制作汉堡肉饼：用菜刀将牛肉、猪肋肉拍松，使其变得松散。用黄油炒葱末，炒熟后待其冷却。将面包糠浸入牛奶中。
⑤ 将步骤④中的所有食材和剩余3个鹌鹑蛋混合使其产生一定的黏度，然后加入盐、胡椒和肉豆蔻搅拌均匀。最后将其分为4等份。
⑥ 锅中倒入少许色拉油，烧热后放入步骤⑤中的肉饼，煎至两面金黄。再放入预热至180℃的烤箱中烤15~20分钟。取后放入容器。
⑦ 将青葱末和波尔图葡萄酒倒入步骤⑥中的锅中，烹煮过程中要不停搅拌防止粘锅，直至汤汁浓稠即可关火，最后加入黄油（酱汁专用）并搅拌均匀。
⑧ 将配菜放在盛放肉饼的容器中，加入小番茄、嫩菜叶、迷迭香。将步骤⑦制成的酱汁淋在肉饼上。

意大利面

选取容易摆盘的容器是摆盘意大利面的捷径。
让我们先从能防止意大利面溢出，并且较深的容器开始挑战吧！

短意大利面

将带壳的花蛤放入容器，注意整体协调感

将意大利面盛入容器时，注意所有的花蛤朝向都要不同，以营造整体协调感。

分开加入面包糠能够为意大利面增添清脆的口感

摆盘时单独准备面包糠，在食用意大利面之前倒入，能够享受到不一样的风味和口感。

要点 2 仅留下几个带壳的花蛤

如果将所有带壳的花蛤都放入意大利面中，整道料理的外观就会变得凌乱不堪。因此，只留下几个带壳花蛤即可。

要点 1 将短意大利面放入较深的容器中便于摆盘

如果将很难缠在一起的短意大利面放入较深的容器中，能够轻松打造美观摆盘。

食谱

意大利蛤肉面

贝壳面……320克
花蛤……40个
樱桃番茄（切成厚度约5毫米的薄片）……6个
蒜末、辣椒圈……各少许
鳀鱼……4块
白葡萄酒……少许
橄榄油……适量
盐……适量
蒜香面包糠（面包糠1/4杯，大蒜1/2瓣，橄榄油1汤匙，鳀鱼2块）……适量

做法

① 制作蒜香面包糠。向锅内倒入橄榄油，加热。油热后关火，放入蒜瓣、鳀鱼，用铲子将鳀鱼压碎并搅拌均匀，加入面包糠。小火将面包糠炒至焦黄色，倒在吸油纸上，待其冷却。
② 花蛤洗净、去除沙子。向锅中倒入白葡萄酒，加入花蛤后盖上锅盖，大火煮至花蛤开口，留下12个带壳的花蛤，其余去壳剥出蛤肉。花蛤熬出的汤汁留下备用。
③ 将橄榄油、蒜末、辣椒圈混合，小火炒出香味后放入鳀鱼块，用锅铲一边捣碎一边炒，最后加入少许步骤①中的汤汁。
④ 将贝壳面放入加有盐的热水中煮，以商品标注的烹煮时间为准，提前2分钟将面捞出，并与步骤③的混合物混合。加入樱桃番茄和适量的水，稍煮片刻，使贝壳面更筋道。放入步骤②中所有的花蛤，倒入橄榄油稍稍搅拌一下，盛入容器。加入蒜香面包糠即可。

多变的长意大利面 1

要点 1 简单装饰也能打造时尚外观

我们要避免过于复杂的装饰，少量的凉意大利面也可以打造出时尚摆盘。此外，控制摆盘颜色的数量也十分关键。

用较小的圆形工具将酱汁盛入容器并涂开

使用小圆匙或汤匙更便于我们操作。将小圆匙或汤匙轻放在酱汁上，将酱汁慢慢涂开。

要点 2 将酱汁铺在意大利面下方

将色彩靓丽的泥状酱汁铺在容器中，以营造多彩的氛围。建议使用罗勒酱。

食谱

马斯卡彭凉番茄意大利面

材料（4人份）

细意大利面……100克
马斯卡彭奶酪……120克
牛奶……40毫升
番茄酱（洋葱1个，樱桃番茄30个，橄榄油1汤匙，水500毫升）……160克
莳萝、日本芜菁……少许

做法

① 制作番茄酱。将洋葱切碎，樱桃番茄对半切开。锅中倒入橄榄油，油热后下洋葱翻炒片刻，加入樱桃番茄继续炒，加水煮约30分钟。煮至汤汁浓稠后关火，冷却片刻倒入搅拌机中，搅碎成泥后放置一旁待其冷却。
② 以商品标注的烹煮时间为准，将细意大利面倒入加了盐的热水中，提前一分钟捞出并放入冷水中，冷却片刻即可控出水分。
③ 将牛奶与马斯卡彭奶酪混合，随后加入意大利面，搅拌均匀。
④ 将番茄酱涂在盘中，放入意大利面，用莳萝和日本芜菁进行装饰。

多变的长意大利面 2

要点 1 用酱汁装点容器的留白处

用酱汁在容器大片留白之处作画，可以享受到绘画的乐趣。用汤匙可以快速描绘出简单的图案。

要点 2 将食材盛放在方形容器的对角线上

使用方形容器盛盘的摆盘方法会令人耳目一新。各式各样的配菜能够突出摆盘的立体感。

用一次性筷子卷起意大利面进行摆盘

利用一次性筷子将意大利面卷成细长形，摆盘时注意不要破坏其形状，摆入盘中后将筷子抽出。

食谱

青酱意大利面

材料（4人份）

意大利细面条……320克
青酱（罗勒叶30克，松子50克，大蒜10克，帕尔玛奶酪50克，橄榄油100毫升，盐少许）
马铃薯……2个
豆角……8根
松子、帕尔玛奶酪……各适量
盐……适量

做法

① 制作青酱。将所需材料倒入搅拌机，打成糊状。
② 将马铃薯切成两厘米见方的小方块，将豆角切成适当的大小。
③ 将意大利细面条和马铃薯块一同放入加有适量盐的热水中煮，在意大利细面条煮熟前两分钟放入豆角，煮熟后捞出，加入部分青酱并搅拌均匀。将意大利面盛入容器，加入松子、剩余青酱进行装饰，最后撒少许帕尔玛奶酪即可。

日常西餐的摆盘

最传统的西餐摆盘方法就是将配菜放在主菜后面。
下面介绍一些能够将日常料理大变身的技巧。

炸鲑鱼

只是随意摆放炸鲑鱼和配菜，也能打造出宴会风格的摆盘。

将塔塔酱塞进模具

将塔塔酱塞进直径为3厘米的模具中，令其形状与鲑鱼肉大小相同，更容易塑造整体协调感。

将炸鲑鱼放进容器后再决定蔬菜的摆放位置

将主菜炸鲑鱼盛盘，再将蔬菜放在盘中空白之处。竖放的芦笋能够改变摆盘的整体形象。

食谱

炸鲑鱼

材料（4人份）

生鲑鱼……4片

低筋面粉、打匀的蛋液、面包糠（油炸面衣专用）……各适量

盐、胡椒粉……各少许

煎炸油……适量

塔塔酱……3/4杯

喜欢的蔬菜（照片中的蔬菜为芦笋、食荚豌豆、毛豆、油菜花、荚果蕨、宝塔花菜、芜菁、嫩菜叶、樱桃番茄、小番茄）……适量

橄榄油……适量

做法

① 将芦笋、食荚豌豆、毛豆、油菜花、荚果蕨、宝塔花菜煮至变色。将芦笋切成适当的长度，切开食荚豌豆的豆荚，再剥下毛豆的豆粒。

② 将生鲑鱼肉切成3厘米见方的小方块，依次裹上盐、胡椒粉、低筋面粉、蛋液、面包糠，放入温热的油中煎炸。

③ 先将塔塔酱盛入容器，再将步骤②、步骤①中的食材以及芜菁、嫩菜叶、樱桃番茄、小番茄放入盘中，最后加入少许橄榄油点缀即可。

使用的容器

- 约24厘米×24厘米的玻璃盘
- 约9厘米×14厘米的玻璃盘

鹰嘴豆咖喱

只将咖喱和米饭分别盛放，便能给人以新鲜感。咖喱中五彩缤纷的蔬菜十分诱人。

使用的容器

- 直径约10厘米且为金属铸成的小锅
- 直径约16厘米且表面有凹槽的玻璃盘
- 约24厘米×24厘米的玻璃盘

将西式泡菜用镐状小扦穿成串并摆盘

用镐状小扦将西式泡菜穿成串放在容器边，这样不仅不会被米饭捂热，还非常美观。

用坚果和香草装饰米饭

用坚果和香草为米饭增添色彩，添加了坚果和香草的米饭令人食指大动，色香味俱全。

蔬菜烤过后再进行摆盘

不将蔬菜与咖喱一起煮，而是将蔬菜烤过之后直接摆盘。烤过的蔬菜颜色更加靓丽。需要注意的是，摆盘时需将蔬菜竖着摆放。

食谱

鹰嘴豆咖喱

食材（4 人份）

干燥的鹰嘴豆……200克
洋葱……1个
培根……60克
文达卢咖喱酱（一种在多种辣酱中加入醋、油脂等辣味的调味料）……1~2茶匙
肉桂棒……2厘米
酱汁A（姜黄粉1/2茶匙，欧莳萝1汤匙，小茴香1汤匙，香菜1汤匙，黑胡椒碎少许，生姜1片，大蒜1瓣，番茄酱3汤匙，酱油、辣酱各1汤匙）
蜂蜜……2茶匙
咖喱粉……1汤匙
三味香辛料（以丁香、小豆蔻、肉桂为主要原料的混合调料）……1/2茶匙
鲜奶油……2汤匙
色拉油……适量
盐……少许
南瓜、红辣椒、芜菁、西葫芦、杏鲍菇各4块
嫩玉米……4个
五谷米、杏仁片、迷迭香、西式泡菜……各适量

做法

① 把干燥的鹰嘴豆放入足量的水中浸泡一晚后，用浸泡的水煮40分钟。
② 将洋葱和培根切碎。锅中倒入少许色拉油，加入文达卢咖喱酱、肉桂棒，用小火翻炒，炒出香味后倒入洋葱碎，炒至变色，依次放入培根碎和酱汁A继续翻炒。
③ 混合步骤①中的鹰嘴豆、煮豆剩下的汤汁（若不够可加水至500毫升）、酱油、辣酱和蜂蜜，煮约20分钟直至汤汁黏稠。
④ 加入咖喱粉、三味香辛料和鲜奶油，搅拌均匀，用盐调味。
⑤ 用烤架烤南瓜、红辣椒、芜菁、西葫芦、杏鲍菇、嫩玉米。
⑥ 将五谷米盛入容器中，加入杏仁片、迷迭香和西式泡菜做点缀。
⑦ 将步骤④的混合物和步骤⑤烤好的蔬菜盛入容器。

午餐沙拉

将三明治、沙拉和汤盛放在同一个盘中更能体现西餐风格

使用的容器

- 约22厘米×22厘米的陶盘
- 直径约5厘米的陶制马克杯
- 直径约5厘米的玻璃豆碟
- 约43厘米×8厘米且带底座的玻璃盘

食谱

材料（4人份）

百吉圈三明治

百吉圈[1]……4个
奶油奶酪、熏鲑鱼肉、褶边莴苣、植物嫩芽……各适量

沙拉

培根……3/4块
�鳀鱼肉……2块
大蒜……少许
橄榄油……1汤匙
四季豆……4根
芜菁……1块
菊苣……4块
长叶莴苣、红萝卜（切薄片）……各适量
甘蓝菜苗……4根
炸面包片……适量
蛋黄酱、黑胡椒碎、帕尔玛奶酪……各适量

菜丝汤

白四季豆……50克
培根……3块
洋葱……1个
马铃薯……1个
胡萝卜……1/2根
圆白菜……3片
芹菜……1根
番茄罐头（将整个番茄放入罐头制作而成，番茄通常为细长型）……200克
意大利天使发丝面……少许
月桂叶……1片
橄榄油、盐、胡椒粉……各适量
青酱（请参照P61青酱意大利面的做法）、帕尔玛奶酪（凭喜好加入）……各少许

配菜

油橄榄、油煮橄榄和蘑菇……各适量（盛入小盘子中）

做法

① 制作百吉圈三明治。横向切开百吉圈，塞入奶油奶酪、熏鲑鱼肉、褶边莴苣后用纸包起来。将沙拉、菜丝汤盛入容器后，放入少许植物嫩芽作装饰。
② 制作沙拉。将培根、鳀鱼肉、大蒜切末，倒入橄榄油中翻炒。
③ 将芜菁切成4等份。再用烤架烤四季豆和芜菁。
④ 将百吉圈三明治盛入容器，接着放入四季豆、长叶莴苣、菊苣、芜菁、甘蓝菜苗、红萝卜，加入蛋黄酱和黑胡椒碎。将炸面包片和沙拉散开摆放，再撒些许帕尔玛奶酪。
⑤ 菜丝汤：白四季豆放入水中泡发后，下锅焯熟。将培根切丝，洋葱、马铃薯、胡萝卜、圆白菜、芹菜切成1厘米见方的小方块。
⑥ 将步骤⑤的培根倒入橄榄油中翻炒，加入其他蔬菜继续翻炒，放入番茄罐头、1升水和月桂叶煮20分钟左右。
⑦ 用盐和胡椒粉调味，然后加入步骤⑤中的白四季豆。将少许意大利天使发丝面折断后放入锅中，待汤汁浓稠且水分减少后即可摆盘，可凭喜好加入少许青酱和帕尔玛奶酪。

蔬菜由大到小依次摆盘

先将四季豆等较大的蔬菜摆盘。将菊苣摆盘后再放入芜菁。

放入植物的嫩芽加以装饰

植物的嫩芽吸水后容易变软，因此要最后放入盘中。在百吉圈[1]孔内装满嫩芽，使料理更富动感。

① 一种中心有孔的圆形面包

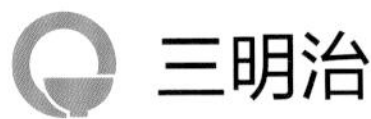

三明治

将普通三明治切成小块，制成美味的午后茶点

将三明治放在透明的汤匙上

不要把三明治直接放在高脚果盘中，要将三明治先放在透明的汤匙上以营造立体感。

用镐状小扦将蔬菜和三明治串起来

用镐状小扦将蔬菜和小三明治串起来，防止其形状被破坏。蔬菜应提前用模具切出形状，穿成串的蔬菜和西式泡菜色彩鲜艳，十分诱人。

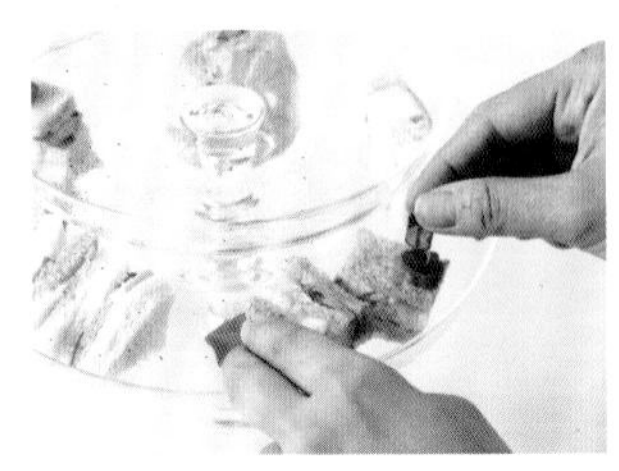

将高脚果盘叠起后进行摆盘

将一大一小高脚果盘叠起来，留下少许间隙并将小三明治放入其中。最后放入植物的嫩芽进行装饰。

使用的容器

- 直径约21厘米的玻璃高脚果盘
- 直径约18厘米的玻璃高脚果盘
- 长度约10厘米的塑料调羹

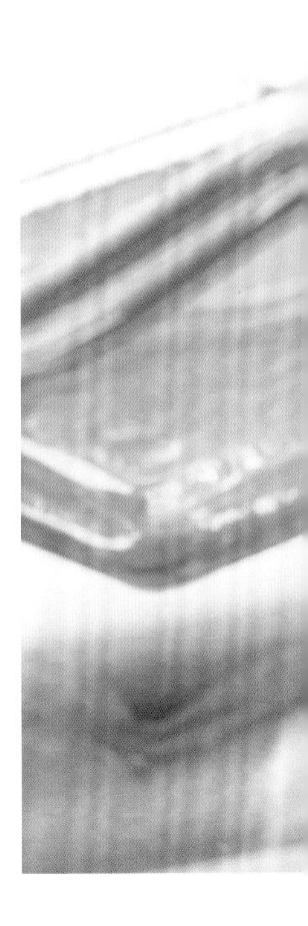

食谱

三明治

材料（4人份）

熏咸鲑鱼、奶酪和莴苣制成的三明治，鸡蛋、火腿和黄瓜制成的三明治，果酱三明治各1块（除果酱三明治外，其他三明治都可以在面包上涂抹适量的芥末蛋黄酱）

胡萝卜腌菜（用模具切出形状）、黄瓜（用模具切出形状）、意大利香芹、切片的樱桃番茄、植物嫩芽……各适量

做法

① 将熏咸鲑鱼、奶酪和莴苣制成的三明治切成2厘米×3厘米的梯形小块。

② 将鸡蛋、火腿和黄瓜制成的三明治切成2厘米×3厘米的长方形小块，再用镐形小扦将几块胡萝卜腌菜和黄瓜同三明治在一起。

③ 将果酱三明治用模具切成圆柱形，将意大利香芹放在三明治上并插入镐形小扦固定。

④ 重叠高脚果盘，将步骤①、步骤②、步骤③中的食材放入高脚果盘中，最后加入意大利香芹、樱桃番茄片和植物嫩芽进行装饰。

煎鸡肉

将沙拉放在鸡肉上，再用酱汁画盘，与主体食材相映成趣

将沙拉放在鸡肉上

将配菜沙拉放在鸡肉上，这种摆盘方法更具时尚感。

利用尖头勺加入酱汁

将酱汁淋在鸡肉周围。使用尖头勺便于画盘。

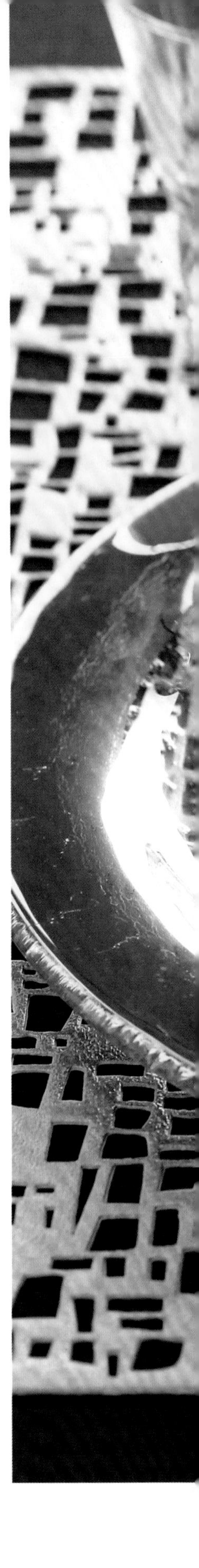

食谱

煎鸡肉

材料（4人份）

鸡腿肉……4块

食荚豌豆（迅速过水焯一遍）、芝麻菜、莳萝……各适量

番茄醋酱（番茄50克，葡萄酒醋1汤匙，盐略多于1/4茶匙，花生油50克）、香醋（煮至黏稠）……各适量

盐、胡椒粉、橄榄油……各少许

黑胡椒碎、天然盐……各少许

做法

① 将制作番茄醋酱所需的材料混合，倒入食品搅拌机打碎。

② 用盐和胡椒粉腌制鸡肉片刻。锅中倒入橄榄油，将鸡腿肉煎至两面金黄后，盛入容器。

③ 将食荚豌豆、芝麻菜、莳萝混合，加入盐、胡椒粉、橄榄油调味，拌匀后放在鸡肉上。

④ 撒些许番茄醋酱、香醋、黑胡椒碎和天然盐作装饰。

使用的容器

直径约27厘米的玻璃盘

11厘米×14厘米的玻璃容器

白汤

使用深口容器盛装的白汤较多见，不易冷却，更适合在冬天食用。

尽量让食客看到全部的食材

将所有食材依次放入容器中，为方便食客看到食材，我们需要调整食材的位置并将沉在容器底部的食材捞出。

用色彩鲜艳的香草作装饰

因为食材周围的汤汁都是白色的，所以最后放入的香草既可以生吃又能够为料理增添色彩。

食谱

米粉白汤

材料（5～6人份）

贝夏美调味酱（一种白色的调味酱，以路易十四时期一厨师名命名。由蘑菇50克，培根50克，洋葱1/2个，无盐黄油50克，牛奶500毫升，米粉50克调制而成）

鸡腿肉……400克

胡萝卜……1根

芜菁……3块

马铃薯……3个

洋葱……3/2个

四季豆……1根

蘑菇……5~6个

月桂叶……1片

盐、胡椒粉……少许

意大利香芹……少许

做法

① 制作贝夏美调味酱。将蘑菇、培根和洋葱切碎，先将培根和洋葱同无盐黄油一同翻炒，接着加入蘑菇继续翻炒片刻，倒入牛奶。加入米粉，待汤汁变浓稠后加入盐、胡椒粉调味。

② 将胡萝卜、芜菁、马铃薯、洋葱、四季豆切成适当的大小。

③ 将鸡腿肉切成适口大小后用盐和胡椒粉腌制，腌制完成后放入锅中煎至两面金黄，注意不要煎焦。

④ 将步骤②的食材和蘑菇倒入锅中同鸡腿肉一同快速翻炒片刻，加入500毫升水（材料外）和月桂叶后盖上锅盖，煮20分钟左右。

⑤ 蔬菜煮软后将适量汤汁倒入贝夏美调味酱中，将其拌匀并与蔬菜一起炖煮，稍煮片刻后盛入容器，最后撒少许意大利香芹进行装饰。

使用的容器

- 直径约6厘米、高约8厘米的（无盖则为6厘米）的陶制带盖小壶
- 直径约26.5厘米的陶盘
- 直径约29厘米的陶盘
- 约18.5厘米×8.5厘米的壶型陶制容器

宴会西餐的摆盘

五颜六色的蔬菜、自由摆放的摆盘风格、能够轻松打造出华丽的料理外观，这就是西餐。
下面为大家介绍自助料理[①]和严格配比的套餐料理的摆盘方法。

将颜色鲜艳的番茄放入轮廓鲜明的长方形容器中

由不同颜色和不同形状的番茄制成的糖渍果品，放在透明的容器中更能突出其存在感。

利用颜色鲜艳的食材进行摆盘，打造西班牙风格式料理

图为用水落管形模具制作的半圆形西式煎蛋卷。其发源地为法国。做法是先在平底锅内倒入蛋液煎至凝固，再将煎好的圆形蛋饼对折成半圆形即可。这道料理外形个性，十分引人注目。与用两片番茄夹着的生火腿一同放入盘中即可提供给食客。

① 西式酒会中，无特定座位，为来客自由取食而制作的料理

利用锅映衬分量感十足的西班牙传统料理和海鲜饭

西班牙海鲜饭中满满的带壳贝类能给人以分量十足的感觉，同时要选择颜色鲜艳的蔬菜来制作海鲜饭。

糖渍番茄

食谱

材料（便于调制的量）

樱桃番茄（红、橙、黄、绿等各种颜色的樱桃番茄）……共计30个

酱汁A（白葡萄酒250毫升，水200毫升，红酒醋60毫升，细砂糖40克，盐7克，胡椒粉、香菜各少许，月桂叶1片）

小番茄……1串

迷迭香……1枝

做法

① 将酱汁A所需材料混合，煮沸后放置一旁待其冷却。

② 用热水浇淋樱桃番茄并剥去番茄皮，然后放入步骤①中的酱汁中腌渍，待其冷却。

③ 盛入容器，再放入小番茄和迷迭香进行点缀。

摆盘时考虑番茄的色彩搭配

将腌渍剩下的汤汁同番茄一起盛入容器，整理食材时要注意将相同颜色和形状的番茄分开摆放。

用生香草营造新鲜感

最后摆入小番茄和迷迭香。加入新鲜的香草能使摆盘显得更加精致。

使用的容器

- 约26厘米×8厘米，高约8厘米的带盖玻璃容器

陶罐马铃薯

将生火腿夹在番茄中

将作为配菜的樱桃番茄一分为二，再将生火腿夹在番茄中间，就像将番茄作为容器一样，打造艺术感。

用番茄酱描绘图案

装番茄酱挤入裱花袋中，在容器中画出许多小图案。

使用的容器

- 约25厘米×8厘米的瓷器瓷盘
- 约30厘米×16厘米的玻璃盘
- 长度约10厘米的调羹

食谱

材料

马铃薯……4个（约400克）

火腿……1块

化黄油……20克

鸡蛋（搅成蛋液）……2个

生奶油……200克

盐、胡椒粉、肉豆蔻……各少许

樱桃番茄……4个

生火腿……1块

小番茄、迷迭香叶、番茄酱……各少许

做法

① 将2个马铃薯（带皮）放入烤箱，烤熟后剥皮、压碎，取出150克，加入化黄油并搅拌均匀。

② 将蛋液和150克生奶油倒入步骤①的混合物中，搅拌均匀后加入盐、胡椒粉和肉豆蔻调味后盛入容器中。

③ 将另外2个马铃薯切成厚度约3毫米的薄片，放入锅中后加入50克生奶油和肉豆蔻，小火蒸约15分钟，煮至马铃薯片软糯且不碎即可。

④ 将马铃薯片和火腿切成与管型模具相同的大小。在模具中铺一层和纸（采用日本传统制法制造的纸），将马铃薯和火腿放入模具中。

⑤ 将模具放入预热至180℃的烤箱，用蒸烤模式烤40分钟。

⑥ 将食材从模具中倒出，切开后盛入容器，加入小番茄进行装饰。

⑦ 将生火腿切成4份，夹入樱桃番茄中，盛入容器。

⑧ 加入迷迭香叶后用番茄酱装饰容器。

西班牙海鲜饭

先将带壳的虾及贝类放入容器

先将较大的贻贝、花蛤和虾放入容器。摆放时注意整体协调感，不要将食材堆在一个位置。

将蔬菜放入空隙处

将彩椒、辣椒、墨鱼放在带壳食材之间的空隙处，食材放置完毕后要看不到锅底的米饭。

放入色彩鲜艳的蔬菜

将酸橙、柠檬插空放入容器，再将樱桃番茄放在容器中红色较少的地方。

使用的容器

- 直径约35厘米的铁锅

食谱

材料（5 ~ 6 人份）

大米……450克
花蛤……250克
贻贝……10个
虾……10条
墨鱼（小墨鱼）……1只
梭子蟹肉……100克
鸡腿肉……200克
彩椒……1个
番茄……1个
豆角……5根
辣椒（红、黄）各1/4个
樱桃番茄……5 ~ 6个
番红花……3 ~ 4根（在水中浸泡片刻）
白葡萄酒……2汤匙
海带……5厘米 × 10厘米的段
洋葱……50克
大蒜……1瓣
橄榄油……适量
盐……茶匙
姜黄粉、胡椒粉……各少许
柠檬、酸橙……各适量
意大利香芹……少许

做法

① 将墨鱼、鸡腿肉切成适当的大小，彩椒切成环状，大蒜、洋葱切碎，番茄切块，豆角煮熟后切成容易入口的小段，辣椒切丝。

② 将花蛤、海带和540毫升水（材料外）混合，小火煮至花蛤开口，捞出花蛤和海带。将贻贝和1汤匙白葡萄酒放入锅中，煮至贻贝开口，捞出贻贝。混合煮花蛤和贻贝的汤汁，共540毫升（分量不够可加水）。

③ 准备一口能够盛下海鲜烩饭所有食材的锅，将虾放入锅中，煎至两面金黄后倒入1汤匙白葡萄酒并盖上锅盖，关火闷5分钟，捞出。

④ 锅中继续倒入橄榄油，油热后放入墨鱼、彩椒翻炒，炒熟后盛出。

⑤ 将橄榄油倒入另一口锅中，油热后加入鸡腿肉、梭子蟹肉翻炒，接着依次放入蒜末、洋葱末、番茄块继续翻炒。蔬菜炒软后撒入少许白葡萄酒（材料外）并倒入步骤②中混合的汤汁，加入盐、胡椒粉、姜黄粉调味后小火煮3分钟。

⑥ 在步骤④的锅中倒入大量橄榄油，油热后加入大米翻炒，翻炒片刻倒入步骤⑤中的蔬菜，待其沸腾后盖上锅盖，小火煮17分钟即可。

⑦ 将步骤②中的花蛤和贻贝、步骤③中的虾、步骤④中的墨鱼、彩椒、菜豆角、辣椒、樱桃番茄盛入装有步骤⑥混合物的锅中，盖上锅盖蒸5分钟。加入柠檬、酸橙、意大利香芹，食用时将柠檬和酸橙汁挤在海鲜饭上。

满是夏季蔬菜的意大利风格料理
鲜艳的腌渍蔬菜像宝石一样散落在料理中……

将腌渍好的蔬菜切成漂亮、整齐的小块，撒在白色的生鱼片上。
这种摆盘会令人们满怀期待，忍不住探索其中的奥秘。

选用绿色的配菜和酱汁，打造清爽的食物外观

选取绿色的蔬菜作为配菜，酱汁也选择绿色的罗勒酱。这两者的加入能提升食物外观的整体时尚感。

在食物上多撒奶酪，盘子的边缘也要撒满。

在意大利烩饭上多撒些奶酪，盘子边缘也要撒满，这种摆盘技巧能够令食物看起来更加丰盛。

打包吃不完的蛋糕

准备几张玻璃纸，将没有任何装饰的蛋奶酥奶酪蛋糕简单地包起来，可将其当作礼物送给他人。

白肉鱼生鱼片

搭配色彩缤纷的蔬菜

在生鱼片上铺满蔬菜

注意颜色搭配和整体协调感，不要将同一种颜色的蔬菜聚堆摆放。将蔬菜铺在生鱼片上，直到完全遮住鱼肉为止。

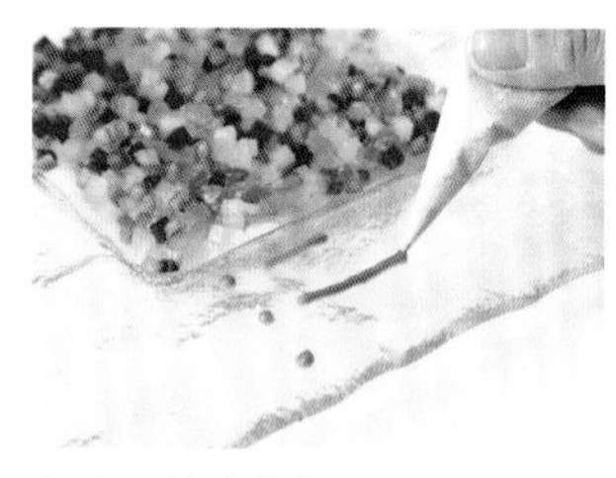

在盘子的边缘作画

将蛋黄酱装进圆锥形纸袋中，画完点之后画线条（圆锥形纸袋的制作方法请参照P93）。

食谱

材料（4人份）

白肉鱼生鱼片……140克
辣椒（红）、辣椒（黄）、彩椒、番茄、冬葱各20克
酸醋调味汁（参照本页“炭烤鲷鱼和夏季蔬菜”的制作方法）……6汤匙
盐……少许
酸橙、酸橙皮……适量
嫩菜叶……少许
蛋黄酱、奶油蛋黄酱（用菠菜粉着色）……各少许

做法

① 将白肉鱼生鱼片并排放入容器中。
② 将辣椒和彩椒的皮煎焦，放入冰水中剥去皮，切成2毫米见方的小块。将冬葱切碎。
③ 辣椒块、彩椒块、冬葱末混合，倒入酸醋调味汁和盐搅拌均匀。
④ 倒在白肉鱼生鱼片上。再加入酸橙和酸橙皮，用蛋黄酱和奶油蛋黄酱点缀容器边缘后，放入嫩菜叶即可。

使用的容器

带有约12厘米×12厘米的凹槽，24厘米×宽24厘米的玻璃盘

炭烤鲷鱼和夏季蔬菜

使用的容器

直径约28.3厘米的瓷盘

将所有蔬菜放入盘中

将蔬菜按照种类分别放入盘中，注意同一种蔬菜不要聚堆摆放。将较长的蔬菜斜靠在其他蔬菜上。

用汤匙将酱汁滴在盘中

将酱汁滴在鱼肉和蔬菜周围。使用尖头的汤匙更容易将酱汁滴成点状。

食谱

材料（4人份）

鲷鱼……4片
芦笋、秋葵、豆角各4根
西葫芦……4厘米
毛豆……7~8串
食荚豌豆……8片
酸醋调味汁（盐1/2茶匙、胡椒粉少许、白葡萄酒醋50毫升、切碎的冬葱10克、葡萄子油120毫升）……适量
罗勒酱（罗勒叶30克，橄榄油100毫升）……少许
意大利香芹……适量
盐、胡椒粉、橄榄油……各少许

做法

① 制作酸醋调味汁。将除葡萄子油以外的食材混合，用打蛋器搅拌均匀，然后一点点分次倒入葡萄子油，一边倒入一边搅拌，搅拌至糊状即可。
② 制作罗勒酱。将制作罗勒酱所需的所有食材混合，放入搅拌机中打碎至呈糊状。
③ 将芦笋、秋葵、豆角、西葫芦、食荚豌豆放入加了许多盐的开水中，焯至变色后放入冷水浸泡片刻，再将其切成适当大小。将毛豆焯熟，剥出毛豆粒。
④ 将鲷鱼肉改刀，在鱼身细细涂抹一层盐、胡椒粉和橄榄油，涂抹完毕后用烤架烤至两面金黄。
⑤ 将步骤③中的食材和酸醋调味汁混合并搅拌均匀，盛入容器。放入烤鲷鱼肉，加入罗勒酱，用意大利香芹进行装饰。

夏季蔬菜制成的肉汁烩饭

轻敲盘底将料理敲均匀

轻轻敲击容器的底部，将肉汁烩饭敲得平整、均匀。敲到肉汁烩饭平整且软硬适当，不会流淌到其他位置为止。

将奶酪撒至容器边缘

将奶酪和胡椒粉撒在做好的肉汁烩饭上，将其撒至容器边缘且在容器边缘处也能看到即可。

食谱

材料（4人份）

大米……160克
虾……6~7个
西葫芦……1个
肉汤（用鸡肉和蔬菜一同熬成）……640毫升
黄油……10克
帕尔玛奶酪……50克
洋葱……1个
橄榄油……适量
盐、胡椒粉……各少许
切碎的意大利香芹、薄荷……各少许

做法

① 将虾切成1厘米的小段。将西葫芦去皮，切成5毫米见方的小块。将西葫芦皮切成3毫米见方的小块。将洋葱切碎。
② 锅中倒入橄榄油，加入洋葱末翻炒，炒出香味后倒入西葫芦块继续翻炒。
③ 倒入大米炒至透明，倒入肉汤，用中火煮。8分钟后加入西葫芦皮和虾，搅拌均匀后继续炖煮，煮至米芯稍硬即可。
④ 关火后加入黄油、帕尔玛奶酪搅拌均匀，用盐和胡椒粉调味后，盛入容器。撒意大利香芹碎和薄荷进行装饰，将帕尔玛奶酪擦碎后撒在食物上即可。

使用的容器

约27厘米×27厘米的玻璃盘

干酪蛋奶酥

食谱

材料（可制作15厘米×15厘米的蛋糕1份）

奶油奶酪……250克
酸奶油……100克
无盐发酵黄油……25克
细砂糖……80克
玉米淀粉……8克
炼乳……2汤匙
鸡蛋……1个
蛋黄……1个
香草精……少许

做法

① 将奶油奶酪和无盐发酵黄油放置在室温下直至变软。
② 搅拌均匀后，加入酸奶油，用打蛋器充分搅拌。
③ 依次将细砂糖、玉米淀粉、炼乳放入步骤②的混合物中，每放入一种食材都要将其搅拌均匀。
④ 加入鸡蛋、蛋黄和香草精，将蛋糕液搅拌至顺滑后倒入容器。将容器放进烤箱，放入预热至160度的烤箱内用蒸烤模式蒸1个小时。
⑤ 将蛋糕切成边长为5厘米的小方块，将两块蛋糕叠在一起并用玻璃纸包起来。

使用的容器

约14厘米×9厘米的玻璃盘

将2块蛋糕重叠并包起来

由于蛋糕很薄，所以要将2块蛋糕重叠以突出蛋糕的分量感。用玻璃纸一竖一横将蛋糕交叉包起。

消遣、聚会时食用的小菜

当桌子上需要摆放多种料理时，令其美观的秘诀就是打造层次感。将多个较大的玻璃盘放在最下面，然后依照自己的想法享受轻松愉悦的摆盘乐趣。

将沙拉盛在调羹中，用手直接拿取便可食用

想吃这种沙拉时，无须多想，张开嘴就可以直接食用。同时，这里还提供加了水果的开胃酒。

将小扦插入盛在一起的西式泡菜中

当参加聚会人数较多时，把小扦插入盛在一起的料理中可谓是明智之举。

将小菜按一人份分开盛放

将若干个一人份小盘拼在一起非常好看。也可以根据宴会氛围灵活使用这种摆盘方法。

咸蛋糕、扁豆沙拉、鸡肉肉末酱、塔塔金枪鱼、红薯大豆沙拉

用粉胡椒为料理增添色彩

用粉胡椒和迷迭香点缀颜色和味道都稍显单薄的肉酱，打造华丽的外观。

将不成形的料理放入金属模具中

将塔塔金枪鱼塞进金属模具中塑形，这样能够将其与旁边并排摆放的鸡肉肉末酱区分开。

使用的容器

- 直径约5厘米的带盖玻璃小碟
- 直径约5厘米的玻璃豆碟
- 直径约5厘米的塑料容器
- 直径约4厘米、高约7厘米的塑料容器
- 宽度约42厘米的玻璃架

食谱

咸蛋糕

材料（可制作 5 厘米 ×20 厘米的蛋糕 1 份）

鸡蛋……2个　低筋面粉……100克

发酵粉……1茶匙　橄榄油……50克

牛奶……50克

帕尔玛奶酪或者格鲁耶尔奶酪……50克

盐……1/2茶匙

培根（切成5毫米见方的小块）……50克

洋葱碎、玉米……各50克（提前炒好）

细砂糖……适量

做法

① 将低筋面粉与发酵粉混合后用筛子过滤。

② 依次将鸡蛋、低筋面粉、发酵粉、橄榄油、牛奶、盐、细砂糖、奶酪、培根、洋葱碎、玉米倒入碗中，用打蛋器将食材搅拌均匀，注意不要混入空气。成形后放入预热至180℃的烤箱烤30分钟。

扁豆沙拉

材料（便于调制的量）

扁豆……60克　番茄……1个

洋葱……1/2个　火腿……3片

大蒜……1瓣　迷迭香……1枝

橄榄油、白葡萄酒醋……各适量

盐、胡椒粉……各适量

蚕豆（煮熟）、意大利香芹……各少许

做法

① 将扁豆、大蒜和迷迭香一同放入水中煮20分钟，控出水分后加入橄榄油、盐和胡椒粉拌匀。

② 番茄切碎，加入橄榄油、盐和胡椒粉拌匀。

③ 洋葱切碎，加入白葡萄酒醋、橄榄油、盐和胡椒粉拌匀。

④ 将火腿切碎。

⑤ 依次将步骤②的混合物、步骤①的混合物、步骤③的混合物、火腿碎盛入容器，加入蚕豆和意大利香芹即可。

鸡肉肉末酱

材料

鸡胸肉……2块　洋葱……2个

培根……3块　水或肉汤……200毫升

白葡萄酒……1汤匙

月桂叶……1片

橄榄油……100毫升

盐、胡椒粉……各少许

大蒜片、迷迭香、胡椒粉……各少许

做法

① 将鸡胸肉切块，将洋葱和培根切碎。

② 锅中倒入橄榄油，烧热后倒入洋葱翻炒，炒至洋葱变色，倒入鸡胸肉和培根继续翻炒，加入白葡萄酒、水或肉汤、月桂叶，煮至汤汁收至原来的一半即可关火。

③ 稍稍放凉后用叉子将鸡肉撕碎，用盐和胡椒粉调味后盛入容器。加入大蒜片、迷迭香和胡椒粉进行装饰即可。

塔塔金枪鱼

材料

金枪鱼生鱼片……250克

洋葱碎……1汤匙　柠檬汁……1茶匙

橄榄油……2汤匙　蛋黄酱……1汤匙

番茄……1个　盐、胡椒粉……各少许

莳萝少许

做法

① 将金枪鱼生鱼片捣成泥，加入洋葱碎、柠檬汁、橄榄油和蛋黄酱混合并拌匀。

② 将番茄切碎，倒入适量橄榄油（材料外）、盐和胡椒粉搅拌均匀。

③ 依次将步骤①的混合物、步骤②的混合物盛入容器，最后加入莳萝即可。

红薯大豆沙拉

材料

红薯……1/2根

混合豆类……50克

芥末粒、蛋黄酱……各适量

红薯片……少许

做法

将红薯去皮，切成1厘米见方的小块，放入水中浸泡片刻后，放入锅中煮熟，注意不要将其煮碎，捞出待其冷却。将红薯、混合豆类、芥末粒、蛋黄酱混合，搅拌均匀后盛入容器，用红薯片进行装饰。

西式泡菜

使用的容器

- 20 厘米 ×12 厘米且带有底座的玻璃盘

食谱

材料

喜欢的蔬菜（图片中为小胡萝卜、小洋葱、萝卜、嫩玉米、辣椒、芜菁）……适量

酱汁A（白葡萄酒醋100毫升，白葡萄酒、水各100毫升，白砂糖50克，盐10克，月桂叶1片，大蒜1瓣，红辣椒2根，胡椒粉少许）

做法

① 将小胡萝卜、小洋葱去皮。将萝卜去皮、切成薄片，将芜菁去皮、切成适当大小，辣椒切成辣椒圈。将小胡萝卜和嫩玉米下水稍煮片刻。

② 将酱汁A所需材料混合均匀，煮沸后放置一旁待其冷却。将蔬菜放入酱汁，并连同酱汁一起放入冰箱冷藏，腌好后即可摆盘。

按种类整理

将刺入小扦、切成适口大小的泡菜按种类整理装盘，多刺入几根小扦方便食客取食。

法棍面包、法式薄馅饼

将黄瓜和熏鲑鱼肉重叠并卷起

将蔬菜和熏鲑鱼肉等食材重叠卷起制成的法棍面包色彩艳丽，十分诱人。

将包着保鲜膜的馅饼切开

用保鲜膜裹住馅饼并整理其形状，为防止其形状被破坏，直接将包着保鲜膜的馅饼切开即可。

使用的容器

- 约25厘米×5厘米且有支架的石盘
- 直径约5厘米、高约7厘米的陶制小钵

食谱

※以下食材数量均为便于调制料理的量

长棍面包

材料

法棍面包……6根
生火腿……6片
熏鲑鱼肉……6片
水晶菜……3根
黄瓜（纵切成薄片）……3片
意大利香芹……少许

做法

① 将2片生火腿竖着连接在一起，同水晶菜一起卷起1根法棍面包，按照这样的方法共卷3根法棍面包。
② 将黄瓜竖放，与两片熏鲑鱼肉一起卷起法棍面包，按照这样的方法共卷3根法棍面包。
③ 将所有的法棍面包放入容器，并用意大利香芹作装饰。

法式薄馅饼

材料

法式薄饼（鸡蛋2个，细砂糖20克，低筋面粉75克，牛奶250毫升，香煎黄油24克，色拉油或葡萄子油适量）……2块
奶油奶酪、蛋黄酱、坚果（切成薄片）……各适量
生火腿、芦笋、辣椒……各适量
小番茄、毛豆（煮熟）……少许

做法

① 制作法式薄饼。鸡蛋打散，依次加入细砂糖、低筋面粉、牛奶、香煎黄油，为防止其凝固用打蛋器将其打散、打匀。准备一个煎锅，锅中倒入薄薄一层色拉油或葡萄子油，油热后倒入面糊煎薄饼。
② 将芦笋过水焯熟，再将辣椒切碎。
③ 将薄饼分别放在2张保鲜膜上，涂一层薄薄的奶油奶酪和蛋黄酱，撒适量坚果。其中一块薄饼用生火腿和芦笋做馅，另一块薄饼用辣椒做馅，将两块薄饼卷起后放入冰箱冷藏。取出后先切开裹着保鲜膜的薄饼，然后取下保鲜膜。将切好的薄饼盛入容器，加入小番茄和毛豆进行装饰即可。

南瓜沙拉、开胃酒

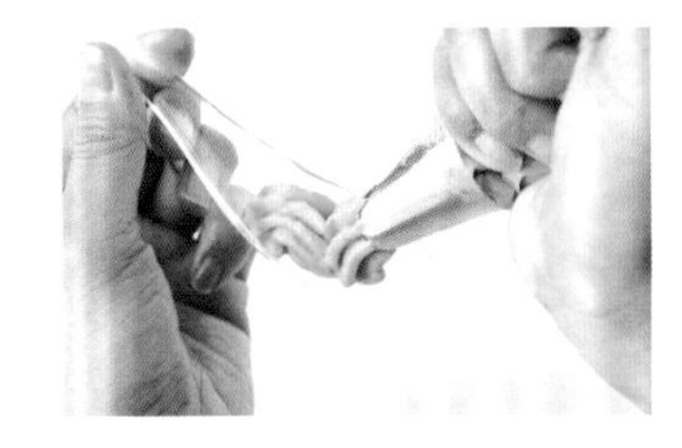

用裱花袋将南瓜沙拉挤出

将绵软的南瓜沙拉挤在调羹中，挤出一口的分量，方便直接食用。

使用的容器

- 长度约10厘米的塑料调羹
- 直径约5厘米、高约10厘米的玻璃杯
- 直径约20厘米的有支架玻璃盘

食谱

※以下食材数量均为便于调制料理的量

材料

南瓜……1/4个
蛋黄酱……适量
迷迭香、松子……各少许

做法

① 用铝箔将南瓜包起，放进预热至200℃的烤箱烤至南瓜变得绵软，可用竹扦轻松刺入为止。
② 将南瓜皮剥掉，加入蛋黄酱，将南瓜泥搅拌得均匀且顺滑，盛入容器，加入迷迭香和松子进行装饰。

开胃酒

材料

覆盆子利口酒、香槟、覆盆子……各适量

做法

将覆盆子利口酒倒入玻璃杯中，加入香槟，用覆盆子进行装饰。

将酱汁斜浇在肉上，制作出富有时尚感的圣诞主题料理

将表面平整的猪肉叠放，摆盘时注意左高右低，再将酱汁浇在猪肉上。不对称的摆盘形式能够营造时尚感。

用火腿包裹沙拉，制作出精巧可爱的前菜

利用明胶使蛋黄酱沙拉凝固，再用火腿包裹沙拉。这种制作方法适用于多种沙拉。

在搭配了纯白色芜菁的可口浓汤中绘出可爱的图案

用红色和绿色这两种圣诞主题色在汤中绘出可爱的图案。如果加入炸面包丁，还能纵享松脆的口感。

映衬出水果鲜艳色彩的树干蛋糕①

整整齐齐、并排摆放的水果能给人以时尚感。仅在蛋糕表面的一半撒上糖粉，以突出水果的色彩。

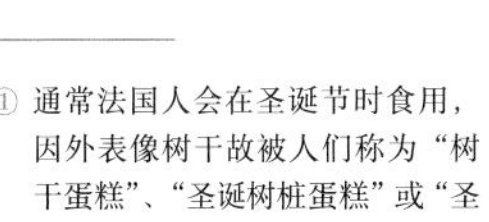

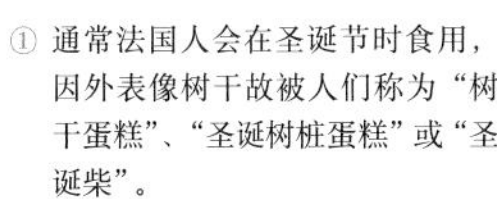

① 通常法国人会在圣诞节时食用，因外表像树干故被人们称为“树干蛋糕”、“圣诞树桩蛋糕”或“圣诞柴”。

猪肉炖蘑菇

食谱

材料（4人份）
80克猪里脊肉……4块
洋葱……150克
蘑菇（凭个人喜好选择）……150克
樱桃番茄……100克
白葡萄酒……50毫升
罗勒酱（请参照P78“炭烤鲷鱼和夏季蔬菜”中的制作方法2）、香醋（煮成糊状）、橄榄油……各适量
迷迭香、小番茄、盐、胡椒粉……各少许

做法
① 将洋葱切碎、将蘑菇切成适当大小，再将盐、胡椒粉均匀涂抹在猪肉上。
② 将橄榄油倒入锅中，将洋葱下入锅中翻炒，加入蘑菇、樱桃番茄。加入猪里脊肉，倒入白葡萄酒和100毫升水（材料外），放入预热至180℃的烤箱中烤1个小时。盛出后，加入罗勒酱、香醋、橄榄油、迷迭香和小番茄进行装饰。

使用的容器

- 约24厘米×24厘米的玻璃盘

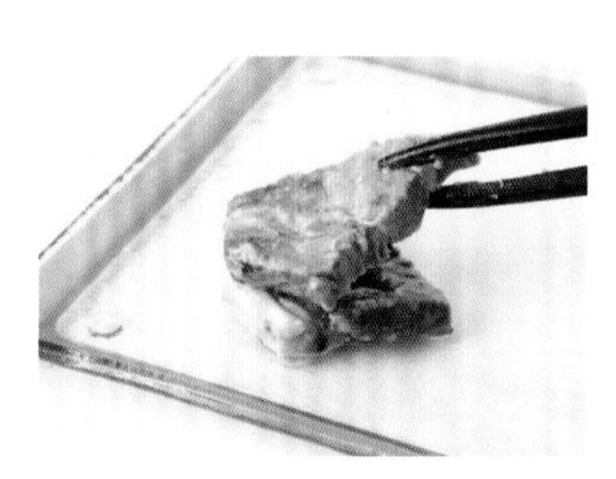

用酱汁装点容器的留白之处
用酱汁画盘。用汤匙将较多的酱汁滴在容器中，然后用汤匙尖端沾取酱汁画盘。

将猪肉叠放后摆盘
摆盘时将2块猪肉叠放，以突出料理的高低错落感。将其他配料放在猪肉上并淋上酱汁。

芜菁浓汤

食谱

材料（4人份）
芜菁……5个
马铃薯……1个
韭葱……1/3根（选用）
洋葱……1/2个
生火腿……2片
牛奶……300毫升
生奶油……50毫升
牛奶（加热后起泡）……适量
黄油……适量
炸面包丁、罗勒酱（请参照P78“炭烤鲷鱼和夏季蔬菜”做法的步骤②）、番茄酱、培根（切成小块）、莳萝、白胡椒粉……各少许

做法
① 将韭葱、洋葱和生火腿切碎。
② 将黄油放入锅中，化开后倒入韭葱碎、洋葱碎、生火腿碎进行翻炒，加入300毫升水（材料外）、芜菁和马铃薯一同煮。
③ 马铃薯煮软后，倒入食品搅拌机搅成泥，加入牛奶，生奶油搅拌均匀。盛入容器，加入起泡的牛奶、炸面包丁、罗勒酱、番茄酱、培根、莳萝、白胡椒粉进行装饰。

使用的容器

- 带有直径约10厘米的凹槽且直径约20厘米的玻璃容器
- 直径约27厘米的玻璃盘

依次将罗勒酱和番茄酱滴在汤中
用顶端较细的汤匙将罗勒酱和番茄酱滴在汤中，且滴落的酱汁间距相等。

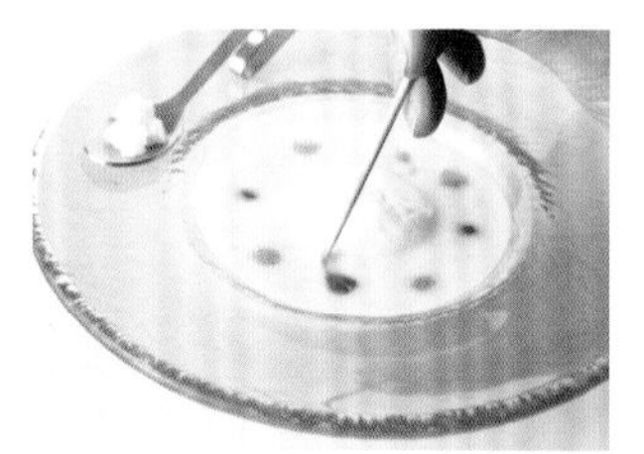

用竹扦画盘
将番茄酱和罗勒酱滴在汤中，然后用竹扦蘸取酱汁画盘。

圣诞火腿

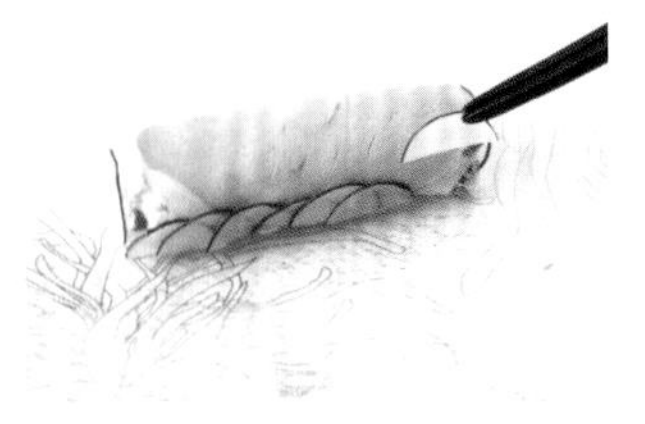

将红萝卜贴在火腿卷的侧面

将切成薄片的红萝卜贴在火腿侧面，制成漂亮的火腿卷。

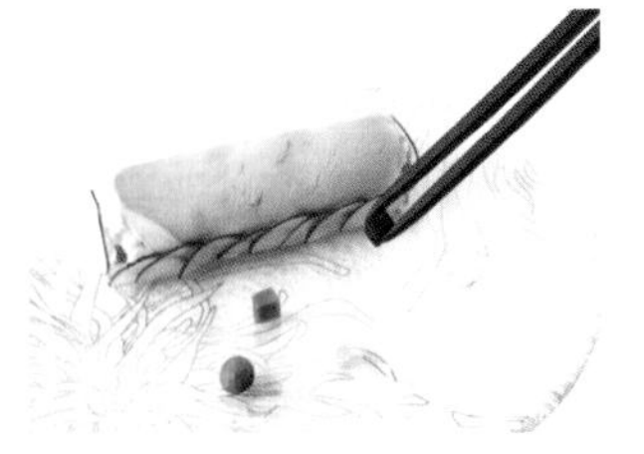

用蔬菜自由创作

将用模具切成球形和切成小方块的蔬菜装饰在容器的空白处，打造整体协调感并突出其动感。这些蔬菜也可以当作小吃食用。

使用的容器

直径约27厘米的玻璃盘

食谱

材料（4人份）
火腿……4片
酱汁A（清炖肉汤100毫升，盐、白兰地各少许）
明胶粉……5克
蛋黄酱（蛋黄1个、白葡萄酒醋1茶匙、芥子1茶匙、盐1/2茶匙、胡椒粉少许、色拉油200毫升）
马铃薯、豆角、芜菁、胡萝卜各30克
红萝卜……10个
甜菜、黄瓜、芜菁、胡萝卜（每种都需用模具切出形状）……各少许
意大利香芹、小番茄、莳萝、蛋白酥皮（将蛋清搅打成蓬松状，加入白砂糖和香料制成）……各少许

做法

① 制作蛋黄酱。将除色拉油之外的制作蛋黄酱所需材料混合均匀，倒入搅拌机中，一边分次倒入色拉油，一边进行搅拌，最后搅成泥状。取60克。
② 将马铃薯、豆角、芜菁和胡萝卜切成1厘米见方的小块，煮熟后与蛋黄酱一同搅拌均匀。
③ 用1汤匙水（材料外）将明胶粉泡发。加热酱汁A并放入明胶，待明胶溶解后便可放入冰水中冷却，趁汤汁还有余热时混入步骤②中食材。
④ 放入冰水中冷却，凝固后分为4等份并分别用火腿包裹。用保鲜膜包起火腿卷，整理火腿的形状。
⑤ 将红萝卜切成薄片，将其中12片红萝卜切为半月形。取下④中包裹火腿的保鲜膜，将火腿盛入容器并将切成半月形的红萝卜贴在火腿的侧面，将圆形的红萝卜贴在火腿的两端。最后用小番茄、意大利香芹、莳萝、蛋白酥皮装饰火腿，再将甜菜、黄瓜、芜菁、胡萝卜放入容器即可。

香橙巧克力圣诞树桩蛋糕

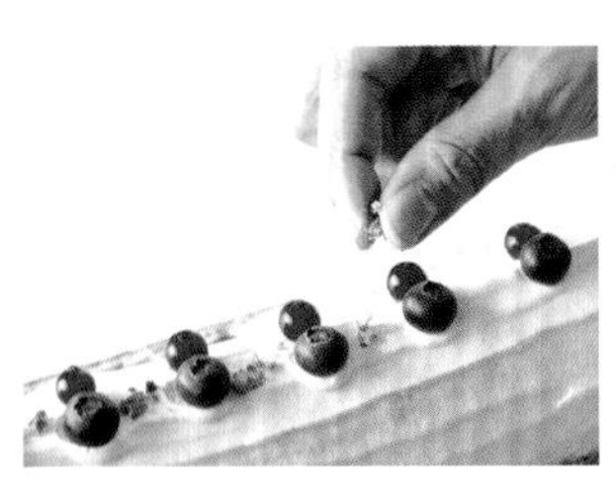

将水果和坚果等距摆放进行装饰

用蓝莓和红醋栗装饰蛋糕，然后在蛋糕空白处放入开心果进行装饰。等距摆放更容易将蛋糕切开。

使用直尺等工具遮挡并撒适量糖粉

使用干净的直尺等笔直的工具遮挡在蛋糕上，在一半蛋糕上撒适量糖粉。

使用的容器

约40厘米×11厘米的玻璃盘

食谱

材料（4人份）
蛋黄……4个
蛋清……4个
细砂糖……40克+50克
可可块……30克
生奶油……200克
橙子酱……50克
柑曼怡……2茶匙
蓝莓、红醋栗、黑莓、开心果碎、糖粉、装饰专用巧克力……各适量

做法

① 将可可块用隔水加热法化开。将40克细砂糖倒入蛋黄中，用打蛋器搅拌至发白，然后倒入化开的可可并搅拌均匀。
② 将50克细砂糖倒入蛋清中，搅拌至起沫，然后分三次将倒入步骤①的混合物中并搅拌，搅拌时注意不要搅破泡沫。
③ 将步骤②的混合物倒入烤盘（约30厘米×20厘米），放入预热至180℃的烤箱中烤15分钟，趁热取出。
④ 把橙子酱放入生奶油中，搅拌至起沫。
⑤ 将柑曼怡涂抹在步骤③制成的蛋糕上，涂抹橙子奶油并将蛋糕卷起。在蛋糕外侧也涂满橙子奶油，涂好后将其放入容器。
⑥ 将蓝莓、红醋栗、开心果、黑莓放在蛋糕上进行装饰，撒适量糖粉并放入装饰专用巧克力即可。

法国料理店“FEU”的摆盘技巧

法国料理店“FEU”坐落于日本商业街乃木坂，1980 年创店并营业至今。
六本木和表参道是“弄潮儿”的聚集地，所以位于这两条街道附近的“FEU”也经常向顾客提供最新潮的法式料理。
这家料理店的摆盘风格是怎样的？让我们一起探索其中的秘诀。

松本浩之，“FEU”的厨师长。曾在法国学习6年，随后在银座老字号法国料理店工作，2006年成为“FEU”的厨师长。他爱好登山，喜欢同大自然近距离接触，也非常喜欢去美术馆欣赏美术作品，这些爱好都是他创作灵感的源泉。

我所有经历过的事物都与我的摆盘设计紧密相连

“FEU”的主厨——松本先生的脑袋里有400~500个设计灵感。那些未能完成的以及他在日常生活中看到的摆盘似乎都会在他的脑海中留下残影，成为他创作的灵感。所以，据说当他遇到合适的食材时，心中会想“就是这个!”，然后迸发出灵感，开始将自己脑海中的设计付诸实践。

例如，P90介绍的“盛夏晚霞中的积雨云”，就是他在旅途中乘车眺望窗外景色、看到积雨云时得到的灵感。为了再现这种美丽的云，他经历了无数次失败，花费了两年时间，终于制作出了符合他想象的完美积雨云。松本先生比任何人都要重视摆盘，即便是基础摆盘也决不假手于人。他不偏爱古典或新潮，而是尽情享受这两种风格，接下来便为大家介绍一些“FEU”的摆盘。

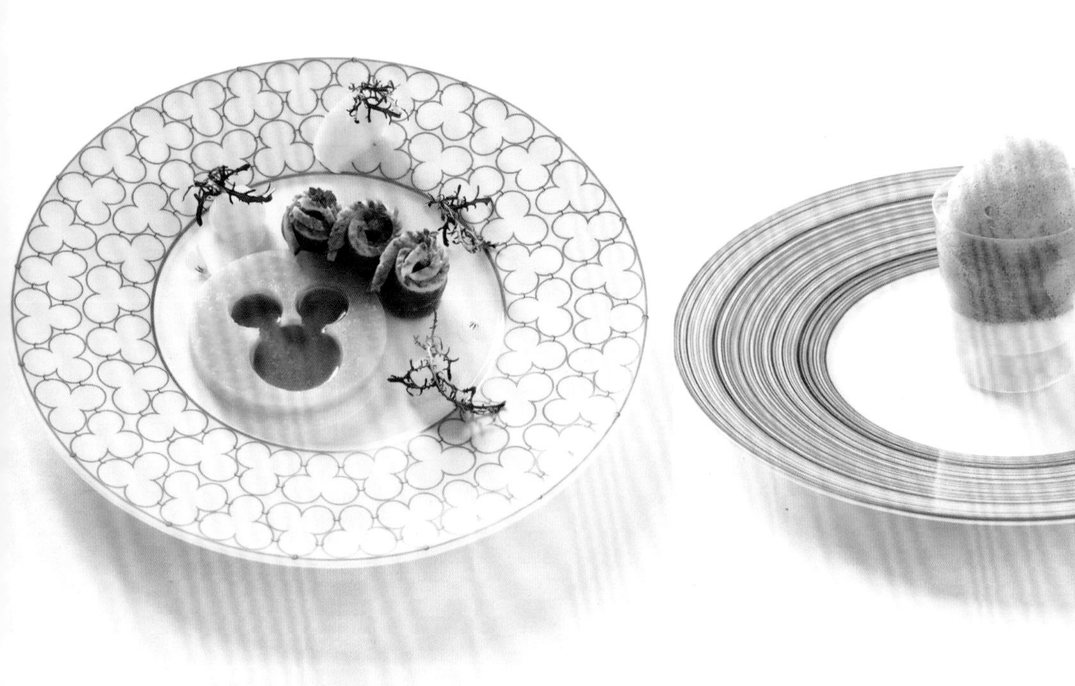

用法国熏制鸭胸肉和黄芜菁沙拉来打造可爱的摆盘形象

松本先生在逛主题公园时偶然看到了一个卡通人物，所以他将这个卡通人物的形象同外表明朗的黄色芜菁结合起来，创作出了这道料理。通常人们在看到黄色的芜菁时，心情也会变得好起来。

食谱

加入黄油和盐将黄芜菁煮熟，用模具将其切出形状，盛入容器。将熏制的鸭胸肉放入容器，然后加入紫色的壬生菜、可食用花、百里香进行装饰。最后将煮鸭肉剩下的汤汁或雪利酒醋等食材煮至浓稠倒入黄芜菁中即可。

将紫色壬生菜和可食用花撒在容器中，注意整体协调感，同时重点突出食材的色彩。

盛夏晚霞中的积雨云

这道料理再现了松本先生的旅途所见，打造出了夺目的火烧云形象。为了展现火烧云的光彩，松本先生将各种各样的颜色装进了容器，如同彩虹一般。这些泡沫一入口就会突然消失，只有淡淡的酸味和香气能够证明它的存在。

食谱

将桃子切成小块放入容器。将产于阿尔萨斯（法国地名）的格乌兹塔米那（葡萄酒）制成果冻并放入容器。放入鹅肝，倒少许桃汁。将木槿花茶制成泡沫放入容器即可。

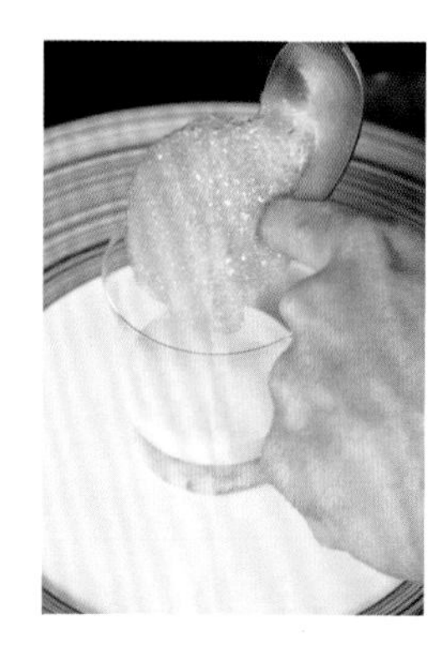

将软软的木槿花茶制成的泡沫盛入容器，摆好盘后要立刻送去给客人。

炭烤仙台牛肉和各式糖渍萝卜颜色游戏

炭烤牛肉搭配糖渍萝卜，这既是法国非常古典的搭配方式，也是尽显时尚感的摆盘方法。这盘料理在保留基本装盘方式的同时，任松本主厨自由发挥，体现出了主厨的摆盘风格。

食谱

将黄、红、白、紫、橙色的萝卜，菊芋，糖渍小胡萝卜和用调味汁拌好的萝卜片放入容器，摆盘时注意整体协调感，加入萝卜叶作装饰。将炭烤的仙台牛肉放在容器中央，最后将能够锁住仙台牛肉美味的酱汁浇淋在牛肉上。

将食材放入容器时要考虑摆盘的整体形象。摆盘时注意为炭烤牛肉预留位置。

巧克力毛巾卷

对法国传统甜点——巧克力毛巾卷进行再创作。开动脑筋，将奶油饼干和慕斯组合在一起，令食客的每一口都能享受到不一样的口感。

食谱

将圆形模具放入盘中，再将碾碎的奶油饼干塞进模具。把巧克力慕斯放在饼干上，淋少许巧克力酱后调温（调温是一个使所有可可油形成稳定结晶体的过程，从而保证可可油的收缩和巧克力容易从模具或塑料板上移开，这样制作出来的巧克力坚硬，有光泽，断开时有脆响）巧克力并取出圆形模具。最后盛入巧克力味的果子露冰激凌和巧克力味的冰糕，同时用细长的巧克力进行装饰。

直接将巧克力酱淋在带着模具的料理上，利用模具隔断巧克力酱画出的线，无须花费过多功夫即可轻松完成摆盘。

"FEU"餐厅

"FEU"餐厅诞生于 1980 年，位于日本乃木坂，该餐厅以"轻松享受法国料理"为经营理念深受人们喜爱。在这里你不仅能够享受到法国古典风格的料理，还能享受到极具时尚感的新潮料理。这里不仅有长桌，还有吧台，你可以使用这里的酒吧哦！价格：白天 3150 日元起，夜晚 8400 日元起。夜间还有可以单点的料理。

地　　点：东京都港区南青山 1-26-16
电　　话：03-3479-0230
营业时间：11:30~14:00（L.O.），18:00~21:00（L.O.）
　　　　　酒吧 23:00 L.O.
休 息 日：星期日，每月的第三个星期一（可举办聚会）

※ 本书介绍的料理，在订购时可能会因时间和采购情况发生变化，详情请电话咨询。

用酱汁就能凸显料理专业感的简单艺术技巧

有人认为酱汁艺术必须依靠特别的技术才能完成，其实在家里就能轻松掌握使酱汁营造艺术感的诀窍。

利用黏稠的芳香醋

煮去芳香醋中的水分
锅中倒入芳香醋，中火慢熬，煮到用汤匙捞起时可以挂丝即可，这种浓度便于勾勒线条。

用竹扦画盘
为使用方便，可将芳香醋酱装入挤酱瓶。滴几滴酱汁在盘中，然后用竹扦蘸取酱汁画盘。

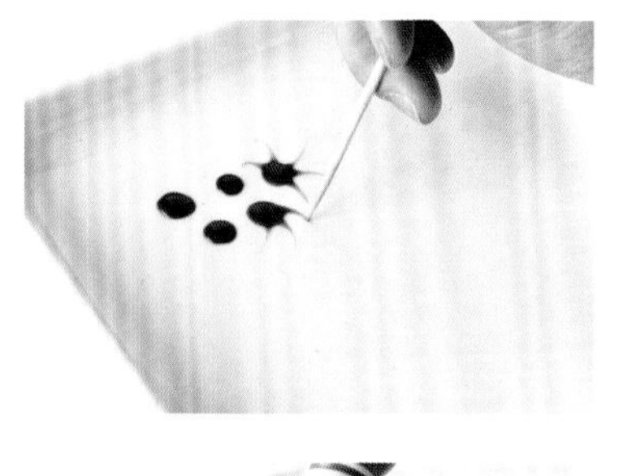

在高处左右摆动挤出漂亮的线条。左右摆动时一点点改变角度，酱汁的线条会更协调且美观。

用尖头汤匙将酱汁滴在盘中

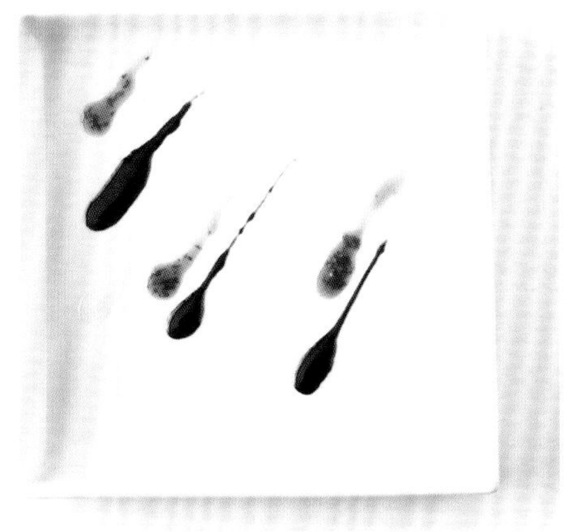

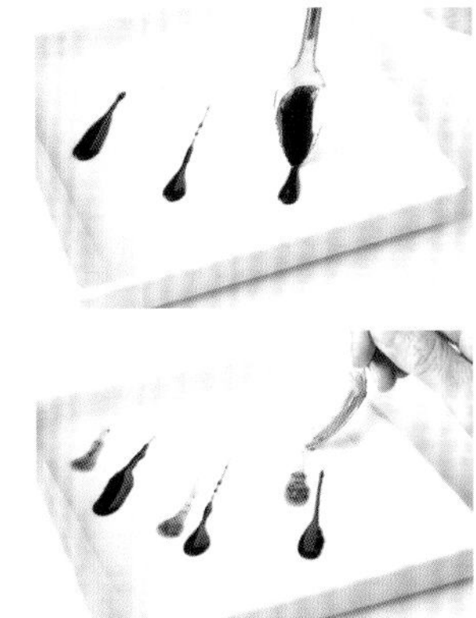

用勺尖在盘面上画盘

使用尖头汤匙更容易将酱汁滴为我们想要的大小。将勺尖抵在盘子上令酱汁自行滑落，然后迅速划出线条。

滴入不同颜色的酱汁

将不同颜色的酱汁稍稍错开再滴入盘中，打造更具动感的酱汁艺术。

用圆锥形纸袋画出细小的图案

将蛋黄酱塞入圆锥形纸袋画出图案。用圆锥形纸袋挤出的蛋黄酱就像是硬了一些的酱汁。

制作圆锥形纸袋

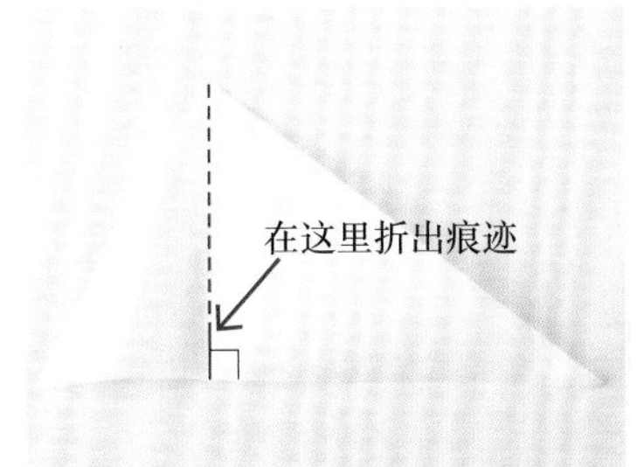

以折痕的一端为顶点，将烤纸卷成圆锥形，注意需将折痕的顶端折进圆锥形的内侧。

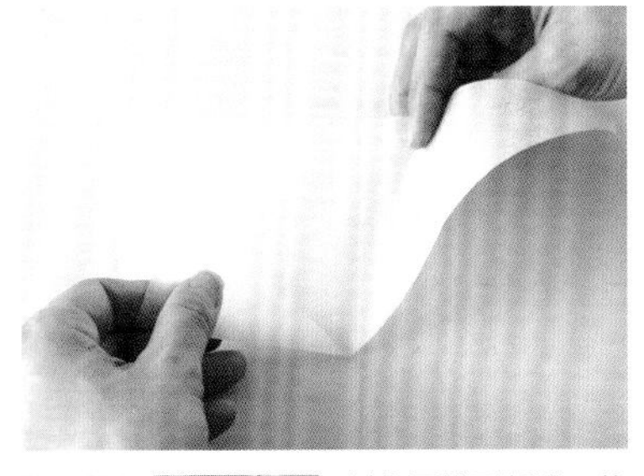

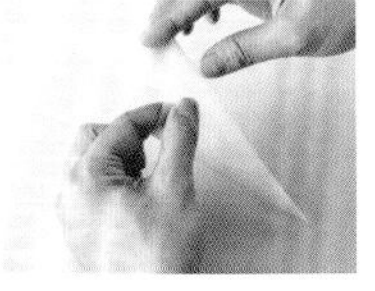

制作圆锥形纸袋。将烤盘纸剪成三角形，并将最长的一条边置于下方，沿着图片中的红色实线轻轻折出一条痕迹。

熟练使用长柄勺、圆锥形纸袋和竹扦

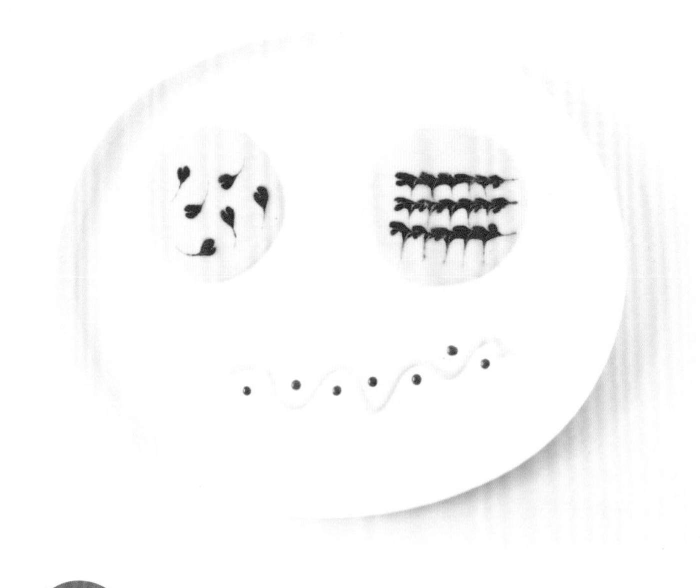

用勺底摊开酱汁

用小球（圆形的长柄勺）将蛋奶酱倒入容器，将勺底抵住酱汁，从中间开始以旋涡状将酱汁向外延展开来。

用圆锥形纸袋画出点和线

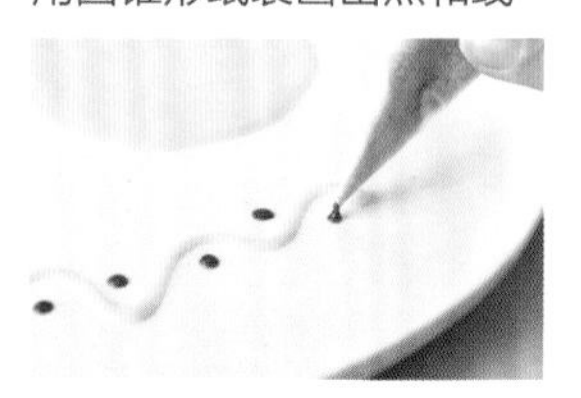

将蛋奶酱和覆盆子酱舀入圆锥形纸袋中，并画出图案。慢慢挤出酱汁是画盘的关键。

用竹扦画出千鸟格[①]图案

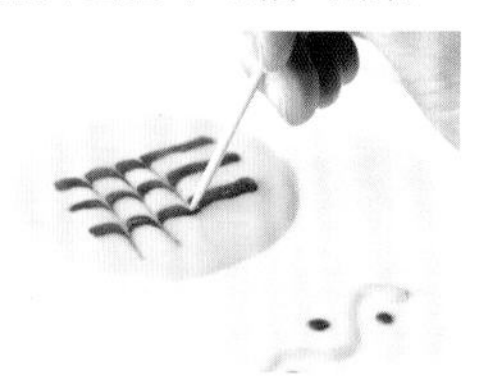

将覆盆子酱舀入圆锥形纸袋中，随后在摊开的蛋奶酱上挤出线条，最后用竹扦先竖后横划过这些线条。

用竹扦画出心形

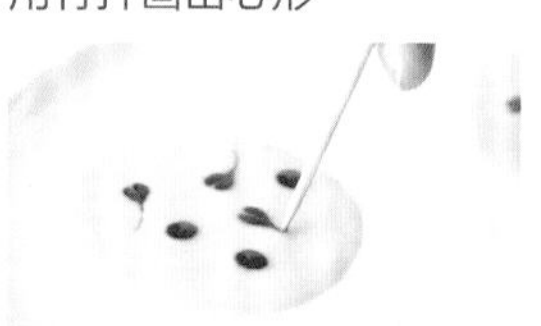

同样，用装有覆盆子酱的圆锥形纸袋挤出几个点，然后用竹扦从点中心划过，画出心形图案。

食谱

蛋奶酱

将3厘米长的香草放入80克牛奶中煮，快要煮沸时将火调小保温。将1个蛋黄和20克细砂糖混合，一点点倒入温牛奶搅匀。搅匀后倒入锅中，开火并用木铲继续搅拌，煮至酱汁黏稠且搅拌过程中可稍稍看到锅底时立刻捞出过滤，并隔水降温。

用炼乳轻松营造艺术感

炼乳黏度适中，是一种便于打造酱汁艺术感的素材。只需从炼乳中部轻轻按压即可画出漂亮的线条。如果突然有客人来或家中只剩下水果，炼乳可解燃眉之急。

---

① 由许许多多小鸟形状组成的图案，故称为千鸟格，20世纪时备受英国贵族们喜爱

第三章

中华料理的摆盘

中华料理的摆盘技巧

一说起中华料理，大家就情不自禁地想到豪迈的大盘料理。下面，以经典摆盘为例，向大家介绍中华料理的摆盘技巧。

芡汁小白菜

圆形摆盘是中国料理摆盘的风格之一。无论从哪个角度整道料理的视觉效果都是一样的，这便是芡汁小白菜的摆盘重点。

将小白菜的茎一根根重叠，摆成圆形

将小白菜一根根放入盘中，注意菜茎的顶端朝向圆心且菜茎之间可稍稍重叠。

卷起菜叶放在料理中间作为装饰

以筷子或较细的夹子为中心，将小白菜的菜叶卷起来。卷好的菜叶曲线优美，形似花朵。

要点 1 **将料理盛入大盘并摆成圆形**

中国素有一家人围绕圆桌一起吃团圆饭的习俗。因此，将料理盛入大盘并摆成圆形，也是中华料理摆盘风格之一。

要点 2 **用蔬菜进行装饰**

许多中华料理都会将蔬菜制作成花朵或小鸡的形状进行装饰。只需将菜叶卷起即可。

食谱

干虾芡汁小白菜

材料（5~6 人份）

小白菜……250~300克

干虾……20克

大蒜碎、辣椒……各少许

酱汁A（泡过干虾的汁水100毫升，白砂糖1茶匙，盐1茶匙，芝麻油1茶匙，胡椒少许）

太白芝麻油或色拉油[①]、猪牙花水淀粉[②]各适量

辣椒丝少许

做法

① 倒入至少100毫升的水（材料外）将干虾泡发。将小白菜一根一根切开，且茎叶分开备用。

② 将600毫升水，1/2茶匙盐，1/2茶匙白砂糖（全部为分量外）混合并煮沸，放入小白菜茎，煮15秒后放入小白菜叶，煮40秒。

③ 锅中倒入大部分太白芝麻油，小火热油，油热后倒入泡发好的干虾、大蒜碎和辣椒翻炒。炒出香味后加入酱汁A，倒入猪牙花水淀粉煮至汤汁浓稠后，滴剩下的太白芝麻油。

④ 将小白菜叶和小白菜茎盛入容器后淋入步骤③的混合物。加入辣椒丝进行装饰。

---

① 太白芝麻油：将未经烘制的芝麻打碎，制成的无色无味的油

② 由猪牙花根茎制成的白色淀粉

清蒸全鱼

用一整条鱼来做菜，打造利落的摆盘形象。
容器中不要留下过多的空白之处，要让摆盘更加逼真且更富感染力。

将葱白丝轻轻放入盘中

将葱白丝轻轻地且均匀地放入盘中。注意不要将其堆在盘子的前部或后部，而是将其盛放在鱼身周围，这也是中华料理最传统的摆盘方法。

将芡汁浇淋在整条鱼上

将芡汁满满地浇在整条鱼上，如果盘中的留白较多会给人以单薄的感觉。

分装鱼肉时，注意不要把鱼皮从鱼肉上剥离，将葱白丝轻轻放在鱼肉上会更加美观。

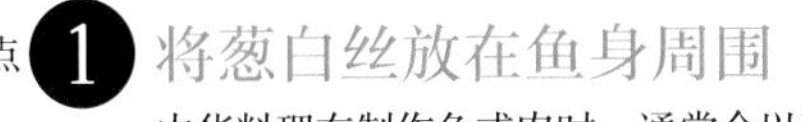

要点 1 将葱白丝放在鱼身周围

中华料理在制作鱼或肉时，通常会以葱白丝或炸粉丝等食物作为配菜，将其满满地盛入盘中。

要点 2 将一整条鱼装入盘中

中华料理的特征之一就是其摆盘的整体性。准备一个大盘子，放入一整条鱼。

食谱

芡汁鲷鱼

材料（2~4 人份）

鲷鱼……1条

切成薄片的火腿、竹笋、香菇和生姜（切成大约5厘米×3厘米的长方形）……各3片

绍酒……少许

酱汁A（绍酒、淡口酱油各2汤匙，白砂糖2茶匙，醋、芝麻油各1茶匙，水200毫升）

猪牙花水淀粉……适量

花生油……2汤匙

葱白丝……1根的量

分葱……1根

做法

① 将鲷鱼去鳞，用水洗净后控除水分。

② 将火腿、竹笋、香菇、生姜片重叠并放在鲷鱼上，洒少许绍酒，上锅蒸15分钟。

③ 将制作酱汁A所需的材料混合并煮沸，然后加入猪牙花水淀粉煮至浓稠。

④ 将步骤②的食材盛入容器，淋入步骤②的酱汁，再将热花生油倒在鱼肉上。将葱白丝盛入盘中，再加入系成结的分葱进行装饰即可。

中华料理家常菜的摆盘

麻婆豆腐

准备一口可给豆腐保温的砂锅

将温热的豆腐放入砂锅，煮到汤汁咕嘟咕嘟冒泡后立刻端给客人。即便最开始大家都在聊天，但只要大家开始享用这道料理，聊天的气氛便会立马变得火热起来。

利用亚洲风格的瓷杯打造高雅的摆盘形象

麻婆豆腐是一种需要用汤匙食用的料理，因此即使将麻婆豆腐盛在茶杯里也不会有问题，还可以将其作为分食料理的餐具。

使用的容器

- 直径约15厘米的砂锅
- 直径约9厘米且高约6.7厘米的陶瓷茶杯

擦拭茶杯内侧

在把料理盛入较小的容器中时，容器的内侧很容易沾到汤汁。所以摆盘后可用餐巾纸擦拭容器内侧。

干烧虾仁

选择能衬托出干烧虾仁色彩的莴苣叶做容器

圆形的莴苣叶正好适合做容器。当你想改变炒饭或其他炒制食物的摆盘方式，不妨试试这种摆盘方法。

将干烧虾仁盛放在虾片上，打造简单的小吃风格

选取大小适度的虾片做容器，将其他食材迅速堆在虾片上，可以连同整片虾片一起食用。

加入炸粉丝

将1人份的干烧虾仁放入莴苣叶中，然后加入松脆的炸粉丝。

加入葱白丝

将干烧虾仁放入作为容器的虾片中，然后加入葱白丝。

使用的容器

- 约15厘米×15厘米的陶瓷盘
- 直径约7厘米的陶瓷盖
- 约10厘米×60厘米的玻璃盘

食谱

干烧虾仁

材料（4人份）

虾仁……150克
酱汁（盐、胡椒粉、酒各少许，蛋清1/4个，猪牙花淀粉1汤匙，色拉油1/2汤匙）
长葱……1/2根
大蒜碎、生姜碎……各少许
豆瓣酱……1/2汤匙
绍酒……1汤匙
番茄酱……2汤匙
白砂糖……1茶匙
鸡汤……100毫升
色拉油……适量
莴苣、虾片、炸粉丝、葱白丝……各适量

做法

① 将虾仁逐个放入酱汁中揉搓均匀，放入冰箱中冷藏30分钟待其入味。将虾仁倒入低温加热的色拉油中快速过油翻炒5秒。

② 锅中倒入较多的色拉油，加入大蒜碎和生姜碎翻炒，加入豆瓣酱、绍酒和番茄酱继续翻炒。翻炒片刻后倒入鸡汤和白砂糖，炖至颜色加深后加入虾仁继续炖煮并收汁。最后按本页上半部分介绍的方法将干烧虾仁盛入容器。

麻婆豆腐

材料（4人份）

猪肉馅……200克
豆腐……400~600克
葱花、蒜末、姜末……各1汤匙
酱汁A（豆瓣酱、豆豉酱各1汤匙）
酱汁B（酱油、砂糖各1汤匙）
鸡汤……400毫升
绍酒……少许
猪牙花水淀粉、芝麻油……各适量
花椒花……少许
辣椒丝……适量

做法

① 锅中倒入芝麻油，油热后下猪肉馅翻炒并炒至猪肉变色，加入葱花、蒜末和姜末，翻炒出香味，倒入酱汁A继续翻炒。加入绍酒和鸡汤稍煮片刻，加入酱汁B调味。将豆腐切成2厘米见方的块后下入锅中。倒入猪牙花水淀粉勾芡。

② 将做好的料理盛入容器，撒些许芝麻油和花椒花，也可凭个人喜好加入葱白丝和葱花，最后放入辣椒丝即可。

棒棒鸡

将配菜一片片并排盛入便于大家分食的大盘中

通常人们在制作棒棒鸡时会将黄瓜切成条状，现在我们改变一下方式，将黄瓜切成薄片。

将料理盛入调羹中，打造成西餐开胃小菜的风格

将1人份的黄瓜放在料理顶端进行装饰。这种摆盘就像西餐，给人以时尚感。

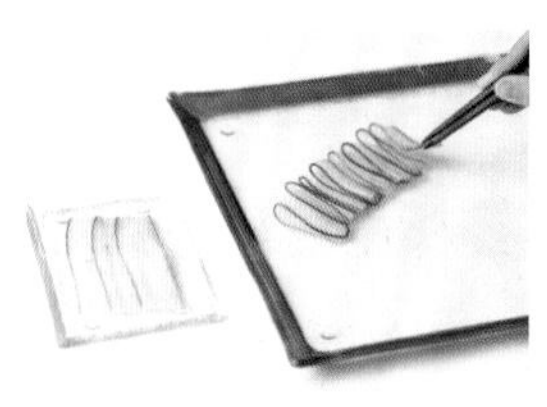

对折黄瓜片并重叠摆放

将薄黄瓜片轻轻对折并依次重叠摆于盘中，给人以分量十足的感觉。

加入黄瓜丝进行点缀

将鸡肉和海蜇放入调羹中，然后加入切成短丝的黄瓜进行点缀。

食谱

材料（4人份）

鸡胸肉……3~4块
盐渍海蜇……200克
黄瓜……2根
酱汁A（白砂糖1/2汤匙，醋1茶匙，芝麻油、酱油各1汤匙）
酱汁B（白芝麻酱80克，葡萄子油、醋各1汤匙，酱油2汤匙，白砂糖1汤匙，辣椒油1汤匙，胡椒粉少许）
葱花……适量
姜末、蒜末……各适量
香菜、黑芝麻、辣椒圈（凭喜好加入）……各适量
海带……少许
姜片……1~3片

做法

① 用敲肉锤敲打鸡胸肉，将其厚度敲至5毫米左右。
② 将少许海带、姜片以及能没过鸡胸肉的水混合并煮沸，加入鸡胸肉，煮熟后关火，盖上盖子待其冷却。冷却后控去鸡肉中的水分，并将其撕成适当大小。
③ 洗去盐渍海蜇中的盐分，放入水中浸泡1小时去除涩味，洗净后放入锅中煮。当水快要沸腾时捞出海蜇，快速洗净，再用厨房专用纸巾吸去其中水分。将海蜇放入酱汁A中，揉搓均匀使其入味。
④ 将黄瓜切成适口大小。
⑤ 将制作酱汁B所需的材料依次混合并放入食品搅拌机中打碎，加入葱花，姜末和蒜末。
⑥ 将海带、鸡胸肉、海蜇成入容器，按照个人喜好加入香菜、黑芝麻、辣椒圈，最后再将⑤中的蘸酱放入盘中。

使用的容器

- 约13厘米×31厘米的玻璃盘
- 长约14厘米的玻璃调羹
- 约30厘米×10厘米×0.6厘米的石盘
- 直径约6厘米，高约4厘米且带有底座的小玻璃盘

糖醋腌白菜和糖醋腌黄瓜

将 1 人份的腌菜盛入玻璃碗中

将切成不同形状的醋腌菜一起摆盘。将去心黄瓜放在容器中最显眼的部分。

把较小的白菜铺在容器底部

将切得较小的白菜铺在容器底部，再把去心黄瓜摆在白菜上。

食谱

材料（4 人份）

白菜帮……1/8棵

黄瓜……5根

葱……1/2根

生姜……1小段

辣椒……2根

酱汁A（白砂糖120克，醋200克，芝麻油4汤匙）

盐……2茶匙

做法

① 将白菜帮切成适当大小并切齐，倒入1茶匙盐将其揉搓均匀。将黄瓜切成厚度约1.5厘米的车轮状和长度约为5厘米的条状，去除黄瓜瓤，放入1茶匙盐将黄瓜揉搓均匀。将镇石分别放在黄瓜和白菜上，挤出其中的水分。

② 将葱切丝、生姜切成薄片、辣椒切成圈，放在去除水分的白菜和黄瓜上。

③ 混合酱汁A所需的材料并加热，淋在白菜和黄瓜上中。将制好的腌菜放入冰箱冷藏一晚。

使用的容器

- 约31厘米×19厘米的陶瓷盘
- 直径约8厘米的玻璃碗
- 约30.2厘米×30.2厘米的陶瓷盘

相互交错摆放，改变黄瓜的摆盘方向

将切成车轮状的黄瓜相互交错摆放，摆盘时可以看到其切面。每块黄瓜的摆向都要和旁边的不同。

将切成细条的黄瓜排成一排，顶端也需排列齐整。同样，再放入一排黄瓜，与第一排黄瓜的一半相重叠。

将切成不同形状的料理盛入带有隔层的盘中

将切成不同形状的料理分开盛放，即便是同一种料理，也能令人觉得品类丰富。

宴会中华料理的摆盘

中华料理具有用餐人数多且用餐环境非常热闹的特点。将受欢迎的点心、套餐以及石锅料理进行摆盘，营造出丰盛感，然后邀请客人来享受这些料理吧！

将配菜分开盛放，体会创作的快乐

将夹饼与配菜分别盛放，凭喜好夹取。

在配菜上下一番功夫，能将平时熟悉的点心变成宴会风格的料理

水饺和萝卜饼颜色素净，只加入切好的蔬菜进行装饰，就会瞬间变身豪华料理。

将小扦插入甜点中，会令人情不自禁地伸手再吃一个

麻团是被留到最后的美味。将小扦一个个插入麻团中，方便客人尽情享用。

夹饼

将夹饼摆出高度

摆盘时将夹饼立起。选择比割包小一些的容器进行摆盘，摆好盘的夹饼稍稍露出容器，这样一来可达到平衡的视觉效果。

将黄瓜和葱的两端切齐整

两端齐整的蔬菜丝外表更加美观。整理好蔬菜的形状后盛入容器，最后再用小卡片将其两端理齐整。

使用的容器

- 约17厘米×42厘米的陶瓷盘
- 直径约11.5厘米的蒸笼
- 直径约5厘米的玻璃豆碟

食谱

材料（便于调制的量）

夹饼

低筋面粉、高筋面粉……各125克

发酵粉……1茶匙

干酵母……3克

细砂糖……35克

盐……1/2茶匙

温水……125毫升

猪油……10克

酱炒牛肉

牛腿肉……150克

酱汁A（盐、胡椒粉各少许，日本酒1汤匙，鸡蛋1/2个、打成蛋液，猪牙花淀粉1汤匙，发酵粉1/4茶匙，色拉油1茶匙）

酱汁B（甜面酱1汤匙，酱油1茶匙，白砂糖1/2茶匙，水1汤匙）

蒜末、姜末……各少许

日本酒、芝麻油、芝麻……各适量

煎炸油……适量

其他

黄瓜条、葱丝……各适量

甜面酱……适量

做法

① 制作夹饼。将低筋面粉、高筋面粉、发酵粉、干酵母、细砂糖和盐搅拌均匀，倒入温水揉匀。揉至面团表面光滑后加入猪油继续揉10分钟，在30℃的环境下发酵20~40分钟。

② 将发酵好的面团分为10等份，擀成椭圆形后对折，再次发酵30~40分钟，大火蒸15分钟即可。

③ 制作酱炒牛肉。将酱汁A所需的材料依次倒入盛牛腿肉的容器中，用手将牛腿肉揉搓均匀。锅中倒入适量煎炸油，低温热油后倒入牛肉炒30秒。

④ 将酱汁B所需材料混合并放至一旁待用。锅中倒入芝麻油，倒入蒜末和姜末翻炒，炒香后加入炒牛肉并洒些许日本酒。倒入酱汁B翻炒均匀，最后撒些许芝麻油提香。

⑤ 将夹饼、炒牛肉黄瓜条和葱丝盛入容器，撒少许芝麻在酱炒牛肉上。放入盛在较小容器中的甜面酱。食客可以凭个人喜好选择配菜夹在夹饼中，然后蘸甜面酱食用。

麻团

将小扦插入麻团

将小扦插入盛在小碟中的麻团上。插入长长的小扦能够将这道料理显得更加时尚。

使用的容器

- 直径约8厘米的玻璃小碟

食谱

材料（4人份）

糯米粉……75克

米粉……20克

白砂糖……30克

猪油……5克

豆沙……100克

黑芝麻酱……1汤匙

白芝麻、黑芝麻、油均……适量

水……75毫升

做法

① 将糯米粉、米粉和白砂糖混合。将75毫升水一点点加入混合物中将其揉匀，揉至面团表面光滑后加入猪油，将其揉匀后分成8等份、搓成小球、按成面皮。

② 将豆沙和黑芝麻酱混合，分成8等份并搓成小球（如果小球太软可以放入冰箱，冻硬后包起来更方便）。

③ 将馅料包入面皮中，其中4个包成球形，另外4个包成正方形，用水沾湿麻团表面并沾白芝麻和黑芝麻。

④ 锅中倒油，低温热油，油热后放入麻团炸7~8分钟，趁热捞出并盛入容器中即可。

萝卜饼

使用的容器

约20厘米×40厘米的带有小格的玻璃盘

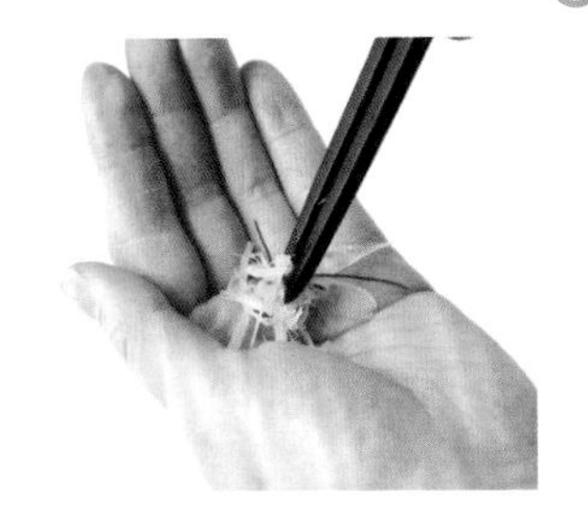

整理葱丝的形状

将葱丝和辣椒丝放在手掌上，整理好形状后再盛入盘中。摆盘时将葱丝和辣椒丝的形状整理得更加美观且每份的量都一样。

在做好的料理上撒少许芝麻

用手捏取少许芝麻撒在料理上。即使只撒了一些芝麻，也能使料理香气更加诱人，而且变得别有一番风味。

食谱

材料（4人份）
干虾……20克
萝卜……180克
萨拉米香肠[①]……50克
米粉……150克
淀粉……40克
盐……1/4茶匙
白砂糖……1/2汤匙
胡椒粉……少许
白芝麻、葱油（炸过葱且带有葱香味的油）……各适量
葱丝、辣椒丝、香菜叶……各少许

做法
① 将干虾放入水中浸泡，泡发后捞出控水。继续添水至泡虾的水中，凑够200毫升。将萝卜切丝，萨拉米香肠切碎。
② 将米粉、淀粉混合，倒入200毫升水搅拌均匀。
③ 锅中倒入葱油，油热后放入萝卜丝、萨拉米香肠碎和泡发后干虾翻炒，炒软后倒入步骤②的混合物、盐、白砂糖和胡椒粉煮5分钟。
④ 容器中涂一层薄薄的葱油，然后匀入步骤③的混合物，抹匀（厚度约为1厘米），撒少许白芝麻后蒸50分钟。
⑤ 取出后，切成适当的大小，用葱油煎至两面金黄，盛入容器。将葱丝和辣椒丝放在萝卜饼上，用香菜叶点缀即可。

① 风干香肠的一种，在牛、猪肉里加入猪油、香辛料和朗姆酒熏蒸沥干而成

水饺

使用的容器

直径约26厘米的陶瓷钵

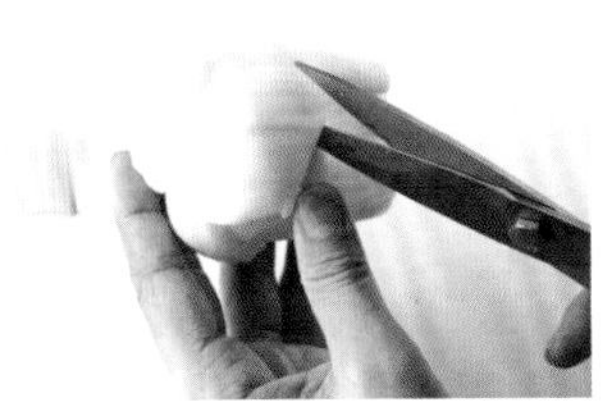

将小白菜剪成莲花的形状

将每片小白菜叶柄的外侧剪成刀尖的形状，使其外侧较短，内侧稍长。将小白菜修剪成莲花的形状。最后，将莲花最中间的部位剪得稍短些即可。

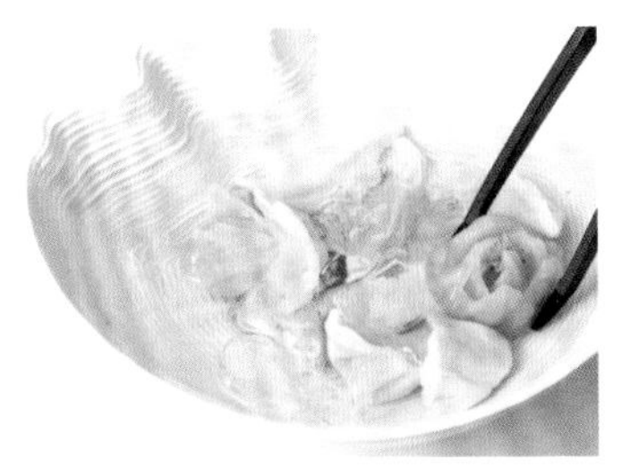

将小白菜摆在容器的一端

白色的饺子与小白菜淡绿色的茎相互映衬，十分美观。为给人一种花饰摆盘的感觉，要将小白菜的茎放在容器的一端。

食谱

材料（4人份）
猪肉馅……150克
虾……50克
紫苏叶……10片
葱……1/3根
干木耳……5克
白砂糖……1茶匙
酱油……1/2汤匙
胡椒粉……少许
梅子酱油（梅干1个，姜泥少许，酱油2汤匙，白砂糖、醋各1汤匙）
饺子皮……8片
小白菜（剪成要装饰的形状）……1棵

做法
① 制作梅子酱油。将梅干剁碎，与姜泥、酱油、白砂糖和醋混合均匀。
② 将干木耳浸入水中泡发。将木耳、紫苏叶、葱切末，将虾剁碎。
③ 将步骤②的混合物、白砂糖、酱油和胡椒粉倒入猪肉馅中并拌匀。
④ 用饺子皮将馅包起来，冷水下锅煮熟。将整棵小白菜过水焯熟，放入冷水中浸泡。按照本页上半部分介绍的方法进行修饰。将冰镇过的饺子盛入容器，加入小白菜作为装饰。蘸梅子酱油食用即可。

将套餐中最先上桌的各种小菜盛到较小的容器中

当需要往容器中盛放多种料理时，我们可以把它们盛在小碟里然后放在托盘中，这样很快就能让摆盘给人和谐的视觉效果。

将食物放入蒸笼能立刻使料理更具中国风格

荷叶包饭本身就是传统中华料理，而将其放入蒸笼则更显传统中华料理的风格。

利用带盖的容器保持汤的温度

勾芡过的汤汁表面漂浮着生奶油，既美观又诱人。浮着的捏碎的黑胡椒也是料理的一大亮点。

5 种小菜

将胡萝卜放入整齐且装好盘的黄瓜旁

将黄瓜切成整齐的黄瓜条并放入容器，撒少许芝麻粒。加入切出形状的胡萝卜进行装饰。

加入黄瓜丝

将黄瓜丝、鱼、鸡胸肉和榨菜混合并拌匀，再放入容器里堆成小山状。混合的料理色彩鲜艳，十分美观。

将锅巴竖着插入料理中

将锅巴插入皮蛋鸡蛋羹中，为摆盘营造出立体感。加入不同口感的食材能使料理变身为下酒菜。

使用的容器

- 长约12厘米的调羹
- 约20厘米×20厘米的玻璃盘
- 直径约5厘米的陶瓷小钵
- 直径约5厘米的陶瓷小钵盖
- 直径约30厘米的半月形托盘

食谱

材料（4 人份）

鸡胸肉拌榨菜

鸡胸肉……2条
榨菜、黄瓜、葱叶……各30克
姜泥……少许
芝麻油……少许
黑芝麻……少许

鸡肉叉烧

鸡腿肉……250克
酱汁A（绍酒、酱油、白砂糖和醋各1汤匙，五香粉少许）
色拉酱油……少许

皮蛋鸡蛋羹

鸡蛋……1个
皮蛋……1个
鸡汤（鸡胸肉煮的汤）……150毫升
盐……1/3茶匙
生奶油……25毫升
锅巴……少许

腌红虾

红虾……8个
酱汁A（酱油2汤匙，绍酒2/3汤匙，白砂糖1茶匙，生姜碎、大蒜碎、辣椒各少许）
鸭儿芹……少许

糖醋黄瓜

黄瓜……2根
胡萝卜（用模具切出形状且煮熟）……8片
酱汁A（醋、白砂糖各3汤匙，芝麻油1汤匙）
白芝麻……少许

做法

① 制作鸡胸肉拌榨菜。锅中倒入适量的水，加入葱叶，倒入姜泥后将水煮沸，然后加入鸡胸肉，鸡肉煮熟后关火，盖上盖子待其冷却。冷却后捞出鸡肉，并将其撕成细丝。取少量煮鸡肉剩下的汤汁备用。

② 将榨菜和黄瓜切成短丝，将葱白切成葱丝。

③ 将榨菜丝、葱丝同鸡肉丝混合，倒入步骤①中的鸡汤和芝麻油调味，盛入容器中，并加入黄瓜丝进行装饰，最后撒少许芝麻即可。

④ 制作鸡肉叉烧。锅中倒入少许色拉油，油热后放入鸡腿肉，将鸡肉表面煎至金黄。加入酱汁A，盖上锅盖，小火煮20分钟。

⑤ 取出鸡肉切成薄片，将其盛入容器。

⑥ 制作皮蛋鸡蛋羹。将皮蛋和鸡汤一同放入食品搅拌机中打碎并混合均匀。

⑦ 将步骤⑥的混合物、鸡蛋、盐和生奶油混合，打散鸡蛋液并搅拌均匀，放入容器用大火蒸1分钟，转小火再蒸5分钟。

⑧ 制作腌红虾。将酱汁A所需材料混合，放入红虾腌渍3分钟，盛入容器中，再加入打成结的鸭儿芹进行装饰。

⑨ 制作糖醋黄瓜。将黄瓜纵向切成细条，去除黄瓜瓤，然后切成长约4厘米的小段。撒少许盐，静置10分钟后挤出其中的水分。

⑩ 将酱汁A所需的材料混合并煮沸，倒入黄瓜和胡萝卜片腌渍30分钟。腌渍完成后将其盛入容器，撒少许白芝麻进行装饰。

荷叶包饭

把饭放在荷叶上

摊开荷叶，将米饭放在荷叶中间并整理形状，然后放入炒鸡蛋。

按照前、左、右、后的顺序折叠荷叶

按照前、左、右、后的顺序将荷叶叠起，并沿着米饭叶子的空隙将叶子向内折叠。

食谱

材料（4人份）

荷叶（干燥的）……2片
米……150克
酱汁A（酱油1/2汤匙，盐1/6茶匙，水150毫升）
叉烧……35克
干虾……10克
绍酒……少许
干贝……10克
干香菇……1个
莲藕……2厘米
慈姑……10个
姜末……少许
色拉油……适量
酱汁B（酱油、绍酒、白砂糖各1/2汤匙，芝麻油1/4汤匙）
炒鸡蛋（鸡蛋2个，白砂糖1汤匙，盐1/6茶匙）

做法

① 将荷叶放入水中浸泡片刻，放入温水中泡软，再放入热水中浸泡2分钟，捞出后将每片叶子分成4等份。
② 水中倒入少许绍酒，然后放入洗净的干虾并将其泡发，泡发后捞出、切碎。泡虾的水留下泡发干贝和香菇。
③ 将干贝放入水中泡发并取下贝肉。将干香菇浸入水中泡发，切碎。将叉烧、莲藕和慈姑切成1厘米见方的小丁。
④ 锅中倒入少许色拉油，加入姜末翻炒，炒出香味后倒入泡发后的干虾、贝肉、香菇、叉烧、莲藕丁、慈姑丁继续翻炒，最后倒入酱汁B。
⑤ 炒鸡蛋。将炒鸡蛋所需的所有材料倒入锅中翻炒，边炒边搅拌，将鸡蛋炒成非常小的小块。
⑥ 将酱汁A与米混合并蒸熟，米饭煮熟后倒入步骤④的混合物拌匀。将拌米饭和炒鸡蛋放在荷叶上，用荷叶包裹起来。放入蒸笼蒸至温热，取出后盛入容器。

划出刀痕

用刀在温热的荷叶包饭叶子上划出刀痕，露出里面的米饭。

使用的容器

- 直径约30厘米的蒸笼

玉米汤

滴入生奶油

用带有小嘴的容器或者汤匙将生奶油滴在汤中。

使用的容器

- 直径约10厘米的碗

食谱

材料（4人份）

豆腐……1/4块
奶油玉米……200克
鸡汤……160毫升
绍酒……2汤匙
蛋清……1个
淡炼乳……1汤匙
盐、胡椒粉、芝麻油……各少许
猪牙花水淀粉……适量
生奶油、葱白丝、黑胡椒粒碎……各少许

做法

① 将豆腐切成菱形块。
② 将奶油玉米和鸡汤倒入锅中，加入绍酒后煮沸，煮好后用盐和胡椒粉调味，最后倒入猪牙花水淀粉进行勾芡。
③ 将蛋清和淡炼乳混合并搅拌均匀，加入步骤②的混合物后再次将其拌匀。倒入豆腐块，熟透后即可关火。将芝麻油淋入玉米汤中，为整道料理添香。将汤盛入容器，滴几滴生奶油，加入葱白丝和黑胡椒粒碎进行装饰。

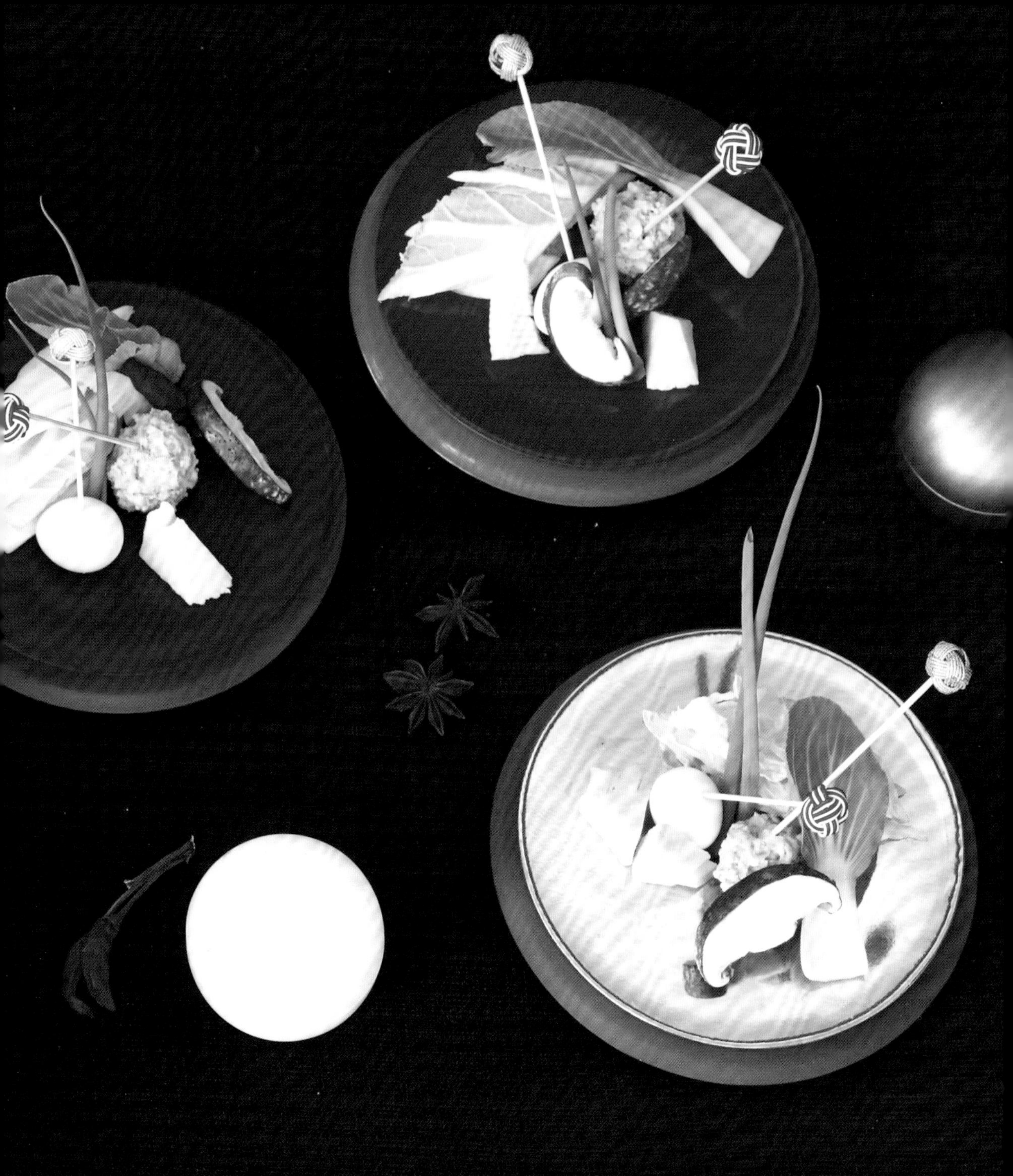

所有的配菜都可以插入小扦，将插入小扦的配菜放入大钵中能瞬间提升火锅料理的现代感。

我们通常都会用浅盘来装火锅的配菜，用钵来盛放配菜则会带给食客完全不同的体验。如果吃饭的人数较多，建议大家将配菜分开摆盘。

火锅

使用的容器

- 直径约29厘米、高约13厘米的陶制小钵
- 直径约16厘米的陶制盘座
- 直径约6厘米的带盖陶瓷容器
- 直径约4厘米的带盖玻璃小盘
- 直径约35厘米的铜锅

将小扦插入肉丸

用每根小扦穿三个肉丸子，插入时错开丸子的中心以营造出动态感。

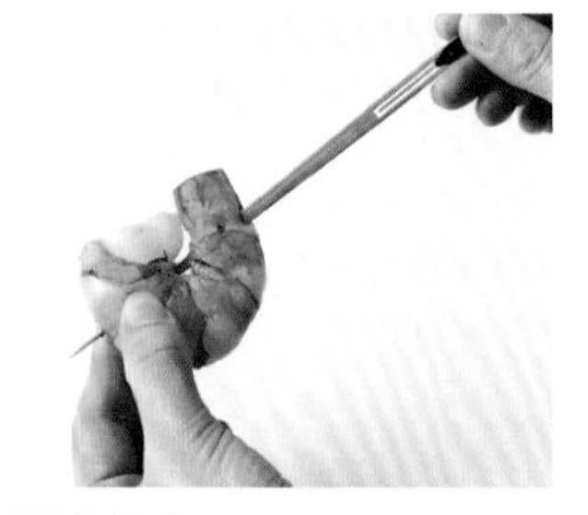

将小扦插入虾中

每根小扦穿入一个虾，使虾头靠近虾尾，将虾穿成圆形。

将体形较大的蔬菜摆盘

先把空心菜芽、白菜等体形较大的蔬菜竖着放入容器中，将它们作为其他蔬菜的基底。

将细长的蔬菜摆盘

将小葱竖着摆放在空心菜芽和白菜旁。放入细长的蔬菜能使摆盘更加紧凑。

将香菇摆盘

将不太高的香菇堆放在空心菜芽和白菜前。提前在香菇上刻出“十字型”的刀痕，可令香菇更加美观。

将插入小扦的配菜摆盘

将火锅的主角肉丸子和虾放在容器的最前面。整理小扦朝向的同时要注重整体协调感。

先放入较大的蔬菜

在将蔬菜分别放入小碟中时，要将白菜等体形较大的蔬菜先放入容器里，让这些蔬菜成为其他食材的基底。同时，将小扦插入圆形的配菜中，会使配菜显得更加可爱。

放入小葱

将较小的配菜盛放在靠近我们的位置，再将小葱竖着放入容器中。

注意整体协调感

一边观察摆盘的整体效果，一边调整小葱和小扦的摆放位置。将小扦摆向不同的方向，能营造出丰盛的感觉。

食谱

材料（4人份）

虾……4个

肉丸子（猪肉馅200克，猪牙花淀粉1茶匙，盐1/2茶匙，酱油1茶匙，水3汤匙，葱花3汤匙）

白菜……200克

空心菜芽……100克

小葱……4根

香菇……4个

配菜（分开盛放的）

鸡肉丸子、水煮鹌鹑蛋、香菇、白菜、小白菜、小葱……各适量

汤

鸡骨汤……800毫升

盐……1茶匙

绍酒……2汤匙

辣椒油

酱汁A（花生油100毫升，蒜末20克，姜末20克，葱花适量）

酱汁B（辣椒末10克，炒白芝麻10克，杏仁20克，炸洋葱10克，香油50毫升，酱油10克，白砂糖1茶匙）

做法

① 制作辣椒油。混合酱汁A所需材料，开中火煮，慢慢煮出香味使蔬菜中的水分挥发。加入酱汁B煮1分钟，然后放置一旁待其冷却。

② 准备配菜。切除空心菜芽和香菇的柄，并在香菇上刻出“十”字形刀痕。将白菜斜切成片，迅速将虾过水焯熟并插入小扦。将制作肉丸子的材料混合，捏成直径约2厘米的肉丸子后下锅煮熟，煮熟后插入小扦。将以上食材盛入容器，每个容器都需盛入不同的配菜和小葱。

③ 将制作汤底的材料放入锅中并加热，倒入②中的食材，煮熟后蘸辣椒油食用。

将辣椒油盛入带盖的容器中，打开盖子时能够获得更多的乐趣。将带盖的玻璃容器放入色彩鲜艳的容器中，可以制成如照片所示的套碗。

可爱的摆盘、精致的包装　欢乐的聚餐、晚会

P80~81 所介绍的餐前小吃小巧可爱，非常适合精致的包装后，摆在一起。

将精美可爱，各式各样的料理摆放在一起。不妨邀请几名好友一起品尝这些料理、度过这欢乐的时光。

C'est Très Bon

将面包和香槟放在一起制成礼盒

把包装纸或羽毛垫等物品塞进纸盒里以达到减震的效果。将面包和香槟放在纸盒的后部，将鸡肉酱放纸盒的前部。

将熟肉酱放入较小的容器里，便于携带

将鸡肉肉末酱（请参照P82的做法）塞入玻璃容器，加入香草进行装饰。将装有熟肉酱的容器用玻璃纸袋包起来。

将蒜片、迷迭香、粉红胡椒放在肉酱上。

使用的容器

- 约7厘米×4厘米且高度为6厘米的玻璃容器

在靠近麻绳结的位置插入迷迭香。

搭配了香草的咸蛋糕给人以田园风的感觉

用贴有标签的玻璃纸将咸蛋糕（请参照P82的做法）包起来，再用麻绳以“十”字形捆法捆起来，最后插入迷迭香装饰即可。

在泡菜罐上贴上自己喜欢的标签，就像从商店买来的一样

将西式泡菜（请参照P82的做法）装在透明的罐子中并贴上标签，给人一种原创品牌的感觉。

使用的容器

- 直径约12厘米且高约9厘米的树脂罐

第四章

摆盘的餐具搭配

盛放在荞麦面杯

荞麦面杯不仅可以用于盛装荞麦面，还有许多其他用途。
它是一种能够代替小钵和茶杯等物品且用途广泛的容器。

作为日常盛装茶碗蛋羹和布丁的容器

荞麦面杯具有很强的耐热性，可以作为盛装茶碗蛋羹或者布丁的容器，放入蒸食物的器具中使用。将加入了蔬菜的芡汁倒入茶碗蛋羹中，能使料理显得更加豪华。

倒入带有蔬菜的芡汁

将切成小块的蔬菜与芡汁混合并浇在茶碗蛋羹上。带有蔬菜的芡汁会使茶碗蛋羹看起来更具西式风格。

使用的容器

- 直径约5厘米的陶瓷荞麦面杯

食谱

材料

酱汁A（鸡蛋1个，鲜汁汤150毫升，淡口酱油1茶匙）
酱汁B（鲜汁汤200毫升，淡口酱油1茶匙，盐1/4茶匙，日本酒少许）
喜欢的蔬菜（切成碎末）……少许
葛粉水……适量
香橙皮碎屑……少许

做法

① 混合酱汁A所需的材料后将其过滤。将过滤后的液体倒入容器，大火蒸2分钟后转小火，将陶瓷荞麦面杯的盖掀开一个缝，继续蒸10分钟。
② 混合酱汁B所需的材料，将其煮沸。加入蔬菜末，煮熟后倒入葛粉水勾芡。
③ 将蔬菜末倒入陶瓷荞麦面杯中，撒些许香橙皮碎屑即可。

偶尔将其当作茶杯，享受欢乐的茶点时光

荞麦面杯大小适中，刚好可以倒入茶水作为茶杯使用。用自己喜欢的荞麦面杯喝茶，能令人忘却烦恼、舒缓心情。

将原味的和紫色的芋羊羹切成正方形的小块，拼在一起制成方格花纹。加入茶水、芋羊羹、生奶油以及小块点心（依照个人喜好选取）即可。

肚子饿的时候，可以将一口大小的食物盛入其中

将酒后或者点心时间食用的小点心放入荞麦面杯中也恰到好处。

请参照P105“水饺”的食谱

盛放在带有盖子的餐具

人们在盛放薄饼干等点心时会经常使用较大且带有盖子的容器。放入小菜也好，放入套盒也好，请自由发挥想象进行搭配吧！

请参照P26“筑前煮”的食谱

铺入一叶兰，打造优美的大钵摆盘效果

如去掉盖子，将其当作大钵使用，就能够将其灵活运用在我们的日常餐桌上。

摆盘时依次将食材放入且堆放在一起

将胡萝卜、莲藕等食材依次放入且堆放在容器中，以打造宴会风格的摆盘。

使用的容器

- 直径约25厘米的陶制带盖容器

放入小钵制成套盒，将其当作盒子使用

这是一种宴会料理的摆盘方式。主人会在客人面前打开盖子，这时客人便会自然而然地说“请给我一碗”。

食谱

拌油菜花

材料（4人份）

油菜花……6朵

胡萝卜（切出形状后，用鲜汁汤和酱油煮至入味）……适量

鲜汁汤、淡口酱油、料酒……各适量

煮熟的蛋黄、花椒芽……各少许

做法

① 将淡口酱油和料酒倒入鲜汁汤，制成比高汤稍浓一些的腌菜汁。将油菜花放入水中焯熟，煮至变色且颜色鲜亮后再放入腌菜汁中浸泡。

② 将腌泡油菜花放入小容器，然后加入胡萝卜进行装饰，同小容器一起放入带盖子的大容器中。将胡萝卜放入大容器进行装饰，将煮熟且过滤后的鸡蛋黄放在胡萝卜上，最后用花椒芽进行装饰即可。

盛放在小食盒

盛装便当时大家通常会用小食盒，但在盛装日常菜肴时，小食盒也能大显身手。

食盒最正确的使用方法之松花堂便当①

将米饭、生鱼片、蒸菜、油炸食物分别放入食盒进行摆盘。如果将小竹筐和小碟等容器放入食盒的话会使食客认为食物是盛放在套盒中。

将虾放在显眼的地方

将虾放在食盒中显眼的地方。再将绿色的食材摆在旁边以突出其色彩。

用煮熟的蛋黄装饰花朵以完成摆盘

将用模具拓型制成的米饭摆成梅花的形状，再将煮熟的蛋黄压碎并放在梅花的中间。装饰完成的梅花栩栩如生。

使用的容器

✿ 约8厘米×8厘米的食盒

食谱

松花堂便当

材料（4人份）

食材A（大叶玉簪4株，秋葵4个，莲藕4片，南瓜12片，荚果蕨4个）

虾……4个

乌贼（去除眼睛、嘴和骨头）……100克

酱汁B（日本酒50毫升，白酱、信州酱各50克，姜泥2茶匙，料酒40毫升）

三色糯米汤圆（将艾草粉、红色的可食用色素粉与白色糯米粉混合制成的3种不同颜色的糯米汤圆）……4串

食材C（去盐盐渍樱花叶4片，笋尖4根，虾4个，蚕豆8粒）

低筋面粉、蛋清、新引粉②、煎炸油……均适量

鲷鱼生鱼片……8片

海带……适量

盐渍樱花叶（去除盐分）……4片

盐……少许

寿司饭……225克

虾（去除虾头和虾壳）……200克

酱汁A（鲜汁汤100毫升，料酒1汤匙，日本酒50毫升，白砂糖2汤匙，盐1茶匙）

煮熟的鸡蛋黄（过滤）……适量

红色的可食用色素粉（放入水中）……少许

做法

① 制作左上食盒中的料理。将食材A上锅蒸熟，虾过水焯熟。

② 将乌贼搅成泥，倒入锅中，倒入酱汁B，小火熬制3分钟。将熬好的乌贼泥盛入容器，然后放入步骤①的食材和三色糯米汤圆即可。

③ 制作右上食盒中的料理。锅中倒入煎炸油，高温热油。将食材C依次裹上低筋面粉、蛋清、新引粉，倒入油锅中炸，炸好后将其放入小筐，连同小筐一起盛入食盒。

④ 制作右下食盒中的料理。将盐涂抹在鲷鱼生鱼片上，腌制20分钟后去除水分。将海带夹在生鱼片之间，用镇石压住、放入冰箱冷藏2小时。用盐渍樱花叶将冷藏过的生鱼片包起来并放入贝壳中，然后连同贝壳一起盛入食盒。

⑤ 制作左下食盒中的料理。将虾肉切碎，混合酱汁A后煎出水分后搅拌成泥。

⑥ 将虾泥和红色的可食用色素粉倒入寿司饭中搅拌均匀，随后用模具切出形状。将寿司饭盛入食盒中，摆成梅花的形状，然后用煮熟的鸡蛋黄进行装饰。

---

① 盛在带盖的、中间有“十”字形隔板的方形器皿中的便当

② 将白糯米洗净泡水，控出水分、晾干，磨成小颗粒，煎制完成后即可制成新引粉

采用小钵的摆盘风格，对糖渍番茄进行摆盘

用较小的食盒作为容器，即使是家常菜也能变得十分美观。在日常生活中也可以轻松打造出这种摆盘风格。

食谱请参照P74“糖渍番茄”

食谱

散寿司饭

寿司饭……适量

食材A（煎蛋丝、小鳀鱼干、鱼松、糖醋莲藕（请参照p46“第二层”的做法）、拌油菜花（请参照P121）、腌渍鲑鱼子、蚕豆（用盐水煮熟的）……各适量

胡萝卜、萝卜（用模具切出形状后煮熟）、花椒芽、盐渍樱花（去除盐分）……各少许

做法

将寿司饭盛入小食盒，凭喜好盛入食材A中的小菜。

同种容器的不同摆盘

同样的散寿司饭[①]和同样的食盒，只要改变摆盘方法就能给人以不同的感觉。让我们来一起打造不同的摆盘的外观吧！

① 在寿司饭上放有生鱼片、鸡蛋丝、青菜等

打造格子图案的摆盘

将鱼松、煎蛋丝、鳀鱼干和糖醋莲藕放在米饭上，每种食材只占容器表面1/4的位置，制成格子的图案。

加入花椒芽进行装饰

因为花椒芽容易吸水变软，所以摆盘时要最后盛入容器。

盛放在小筐

这里使用的是能够盛放中国茶具的竹筐。竹筐的使用方法多种多样，无论是先将料理盛入茶具再放入竹筐、还是只利用竹筐，使用方法都会因我们的想法而有所不同。

盛放中国茶具的竹筐富有浓厚的中国文化气息，与中华料理相得益彰

将生春卷[1]放入竹筐的话，能营造出亚洲餐桌上的前菜风格，盛入点心时也有同样的效果。

将生春卷竖着摆盘

将香葱插入生春卷中，然后竖着摆入容器中。用香葱来延伸配菜视觉层次，也能使料理看起来更加美观且诱人。

使用的容器

- 直径约13厘米的竹筐
- 约4.5厘米×4.5厘米×3.5厘米的玻璃容器
- 直径约5厘米的陶瓷茶碗
- 直径约10厘米的陶瓷小碟

食谱

生春卷

材料（4人份）

米纸[2]……4张

小菜（煮熟的虾4个，紫叶生菜1片，3厘米长的胡萝卜切碎，黄瓜丝100克，香葱1～2根，紫苏叶8片，薄荷少许）

蘸酱（将蛋黄酱和甜辣酱以2：1的比例混合）

香葱、香菜……各少许

做法

① 用水将厨房用纸（较厚的）浸湿，挤出水分后将其摊开。将米纸放入50℃左右的热水略微焯一下，待整张米纸湿润后捞出并放在仍带有些许水分的厨房用纸上。为防止米纸变干，可以再取一张湿润的厨房用纸盖在米纸上，如果米纸放置了5分钟仍未使用，则需再次将其放入热水中浸湿。

② 取下放在米纸上的厨房用纸，将小菜放在米纸上，卷起后即为生春卷。将卷好的生春卷切成刚好能放入口中的大小，插入香葱后将其盛入容器。加入香菜和蘸酱即可。

---

① 用薄饼等将生蔬菜以及煮熟的虾等食材包裹起来制成

② 泰国和越南等地的菜肴用料，用粳米粉做成像纸一样的薄面皮

食谱

杏仁豆腐
材料（便于调制的量）
牛奶……200毫升
酱汁A（杏仁霜10克，白砂糖20克，水100毫升）
吉利丁粉……2.5克
草莓（切成2毫米见方的小块）……适量
酱汁B（白砂糖20克，水60克）
柠檬汁……1汤匙

做法
① 将吉利丁粉倒入1汤匙的水（材料外）中泡发。混合酱汁A所需的材料并倒入锅中，煮成糊状后关火。将吉利丁水与杏仁糊混合，待吉利丁粉充分溶解后一点点倒入牛奶，搅拌均匀。
② 倒入茶碗，连同茶碗一起放入冰箱冷藏，直至其凝固。
③ 混合酱汁B并将其倒入锅中，煮至白砂糖溶解后关火，倒入柠檬汁，制成柠檬糖水。将柠檬糖水放入冰箱冷藏。
④ 将草莓盛入茶碗中进行装饰，可凭喜好蘸柠檬糖水食用。

使用茶具制出精致可爱的甜点
将杏仁豆腐放入较小的中式茶具中，然后加入果干等茶点进行装饰。

加入切成小块的草莓
中式茶具较小巧，所以在我们把草莓放入茶具前，需将其切成较小的且2毫米见方的小块。使用干净的小镊子夹取草莓块会更加方便。

盛放在边缘宽阔的餐具

盘沿具有一定高度且边缘宽阔的容器能够轻松使摆盘变成一种游戏项目。我们既可以在边缘处放置食材、也可以在边缘处撒些许调味料。

将搭配用的蔬菜放在盘子边缘

我们可以把盘沿当作盘子使用，将配菜放在上面。需要注意的是，放在盘沿处的食材大小要相同。

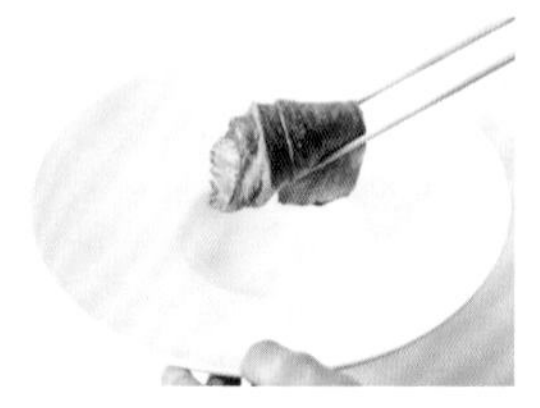

将肉叠在一起进行摆盘

将切成薄片的肉叠放在菜板上，整理出漂亮的形状后放入容器中。

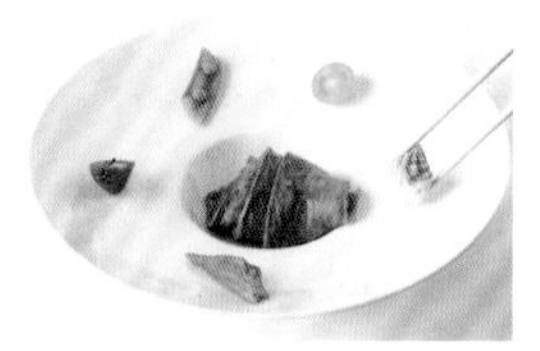

将蔬菜放在盘子的边缘处

将配菜中的蔬菜放在盘子的边缘处，注意每两种蔬菜之间的间隔都是相等的。相同颜色的蔬菜分开摆放会使摆盘更加美观。

使用的容器

- 直径约35厘米且带有直径约10厘米凹槽的陶瓷容器

食谱

烤牛肉

材料（4人份）

牛腿肉……200克

盐、胡椒粉……各适量

色拉油……少许

配菜（食荚豌豆、秋葵、宝塔花菜、樱桃番茄）各适量（食荚豌豆、秋葵、宝塔花菜均为煮熟的）

意大利香芹……少许

芥末酱油或橙醋……均适量

做法

① 用盐和胡椒粉腌制牛腿肉30分钟。锅中倒入色拉油，油热后放入牛腿肉，煎至两面金黄。用铝箔纸将煎好的牛肉包起来，放入预热至70℃的烤箱烤90分钟。

② 将牛腿肉取出后，冷却，切成薄片盛入容器。放入配菜，用意大利香芹进行装饰。食用时可蘸芥末酱油或橙醋。

将意大利面的配菜放在盘子的一边

将1块芜菁放在盘子的边缘处，轻重对比整体盘饰。插入一根较长的培根干，就能带来主配角互相衬托的美感，这也是摆盘的要点之一。

用培根凸显料理的高度

将培根插入意大利面，使扁平状的意大利面变得富有层次。

食谱

芜菁奶油意大利面

意大利宽面（生）……150克
芜菁、洋葱……各1个
培根……50克
牛奶……100毫升
生奶油……50克
帕尔玛奶酪……20克
黄油……适量
盐、胡椒粉、橄榄油……各少许
培根（用烤架烤干）……4根

做法

① 将芜菁切成刚好能送入口中的大小，其中四片用烤架烤出痕迹。将洋葱切成薄片，培根切碎。锅中放入黄油，化开后，倒入切碎的培根翻炒，将培根炒出油脂后倒入洋葱片，然后转小火炒至透明状态。

② 倒入芜菁轻轻翻炒，然后倒入牛奶，再盖上锅盖。煮至芜菁变软后加入生奶油、帕尔玛奶酪、盐、胡椒粉调味。加入煮熟的意大利宽面，淋少许橄榄油，搅拌均匀后盛入容器。最后用烤脆的培根、带有烤痕的芜菁进行装饰即可。

食谱

南瓜汤

材料（4人份）

南瓜……450克
洋葱……100克
胡萝卜……50克
鸡汤……300毫升
牛奶……100毫升
生奶油……30毫升
黄油……20克
盐、胡椒粉……各少许
发泡牛奶……适量
长棍面包（卷入生火腿且加入莳萝的）……4根
南瓜（切成小块且煮熟的）、肉桂粉……各少许

做法

① 将南瓜切成3~4等份并剥下南瓜皮。去除南瓜芯，将南瓜切成一口就能吃下的大小。将洋葱和胡萝卜切碎。

② 锅中放入黄油，待黄油化开后倒入洋葱和胡萝卜翻炒，炒软后倒入南瓜和鸡汤，煮至蔬菜以及南瓜变得软烂。将南瓜等蔬菜捣碎，加入生奶油和部分牛奶，依照个人喜好调节生奶油和牛奶的浓度。将蔬菜、生奶油和牛奶倒入食品搅拌机中打碎，撒少许盐和胡椒粉调味。

③ 将步骤②的混合物倒入容器，再将发泡牛奶盛放在汤面上，放少许煮熟的南瓜进行装饰。接着取少许南瓜汤继续煮，煮至汤汁黏稠后将其塞入圆锥形纸袋中（请参照P93圆锥形纸袋的制作方法），再用圆锥形纸袋将其挤在容器的边缘处。撒少许肉桂粉，将长棍面包搭在容器上。

将长棍面包搭在容器的边缘处

只是将细长的长棍面包放在圆形的容器上，瞬间就能呈现整道料理的视觉效果。

将肉桂粉撒在料理上

肉桂和南瓜是绝佳搭配，将肉桂粉撒在容器的边缘，能为料理增添别样的香味。

盛放在深玻璃杯

如果有许多客人来做客的话，提前准备许多相同的深玻璃杯会非常方便。在需要盛装少量的、多种多样的料理时，深玻璃杯就可以大显身手了。

用水果装饰布丁以凸显其时尚感

仅仅利用深玻璃杯进行盛装，就能将布丁变为成年人的甜点。此外，请依据个人喜好加入酱汁。

将水果串在小扦上

用小扦将装饰布丁的水果穿成串后搭在玻璃杯上，食客可以凭喜好选择时间食用。

使用的容器

- 直径约3.8厘米、高约10.5厘米的玻璃杯

食谱

咸焦糖布丁

材料（4人份）

蛋黄……2个
牛奶……100克
生奶油（牛奶脂肪含量为45%）
细砂糖……1汤匙
香草荚……3厘米
酱汁A（细砂糖50克，水25毫升）
盐（有盖朗德盐最佳）……1小撮
水果（凭个人喜好选取）……适量

做法

① 将香草荚放入牛奶中，煮至牛奶即将沸腾时关火。
② 混合细砂糖与蛋黄，将其搅拌均匀，依次加入步骤①中的牛奶和生奶油，充分搅拌后将其过滤，倒入玻璃杯中。将容器放入蒸锅中，大火蒸1~2分钟，然后盖上盖子，稍稍将火调小，继续蒸5~10分钟，蒸好后放入冰箱冷却。
③ 将酱汁A所需材料混合并倒入锅中，中火加热。煮至细砂糖溶化且变成暗橙色时将火调小。转动锅将细砂糖煮到刚好变成焦黄色时倒入2汤匙水（材料外）（注意此时液体容易飞溅）。倒入水后继续炖煮，直至细砂糖完全溶化且均匀为止。撒少许盐并待其冷却。
④ 将步骤③的混合物倒入玻璃杯中，用串在小扦上的水果进行装饰。食客可凭喜好蘸盐食用。

用竹扦将冷制汤的浮汤料[①]夹入容器中，再将汤倒入深玻璃杯中，这种玻璃杯能反衬出西班牙凉汤颜色的鲜艳。剜成球形的浮汤料也非常好看。

食谱

柑橘风味的西班牙凉汤

材料（4人份）

酱汁A（水果番茄10个，芹菜1/2根，黄瓜1根，红辣椒1个，大蒜1瓣，橙汁40毫升，橄榄油15毫升，塔巴斯科辣酱油几滴）

蛋黄酱、意大利香芹……各少许

胡萝卜（刓成球形）、黄瓜（刓成球形）……各适量

做法

① 混合酱汁A中所需的材料，倒入食品搅拌机中打成泥，放入冰箱冷藏1天。

② 把步骤①的混合物倒入深玻璃杯中，加入蛋黄酱、意大利香芹作装饰，然后将用竹扦串起的胡萝卜和黄瓜放在杯子上。

挤出蛋黄酱后加入意大利香芹

用圆锥形纸袋（圆锥形纸袋的制作方法请参照P93）将蛋黄酱挤在西班牙凉汤上，然后加入意大利香芹进行装饰。

将沙拉依次放入玻璃杯中，享受富有层次的料理

用鸡蛋、番茄、西葫芦和蟹肉制作出的漂亮的分层引人注目，非常诱人。食客可将它们轻轻搅拌，混在一起食用。

食谱

蟹肉、西式炒蛋和西葫芦沙拉杯

材料（便于调制的量）

蟹肉……40克

鸡蛋……3个

西葫芦……1/2个

番茄……1个

洋葱碎……1茶匙

葱花……少许

生奶油……2汤匙

黄油、橄榄油……各适量

盐、胡椒粉……各少许

小番茄（用热水烫过剥皮的）……适量

细叶芹……少许

做法

① 用黄油涂抹锅底。将鸡蛋、1汤匙生奶油、盐和胡椒粉，用打蛋器充分搅拌均匀后，倒入锅中。开中火，一边炒一边继续搅拌，炒至蛋液凝固后倒入碗中，隔冷水冰镇，加入1汤匙生奶油、洋葱碎和葱花，搅拌均匀。

② 将西葫芦切成5毫米见方的小丁，倒入锅中，加入少许橄榄油、盐、胡椒粉和2汤匙水（材料外）后盖上锅盖，大火煮20~30秒即可捞出，将捞出的西葫芦放入冰箱冷藏。

③ 将番茄切碎，倒入橄榄油、盐和胡椒粉后拌匀。

④ 依次将番茄碎、西葫芦丁、西式炒蛋、蟹肉放入玻璃杯，加入小番茄和细叶芹进行装饰。

将沙拉依次放入玻璃杯中

将鸡蛋、番茄、西葫芦和蟹肉依次摆盘，制成漂亮的分层。

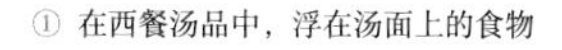

① 在西餐汤品中，浮在汤面上的食物

盛放在高脚玻璃果盘

高脚玻璃果盘拥有将简单的料理变漂亮的神奇力量。如果需要盛装几种大小不同的食材，高脚玻璃果盘就非常合适。

请参照P104麻团的做法

下午茶时可以将亚洲风格的甜点盛入高脚玻璃果盘中

只需在果盘中铺一片叶子，就能瞬间改变料理的摆盘形象。亚洲风格的料理与高脚玻璃果盘搭配起来也显得格外雅致。

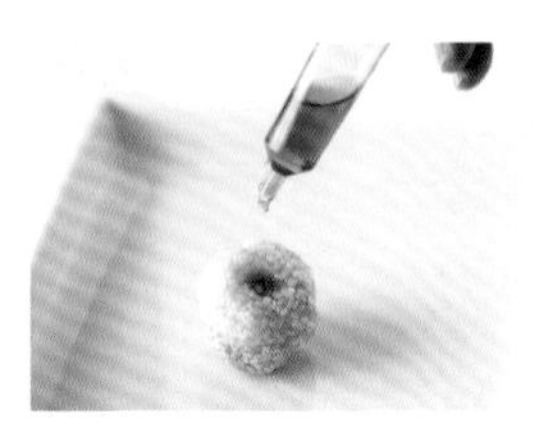

将蜂蜜注入麻团

在麻团中间轻轻按出一个小坑，将混合了少许桂花陈酿的蜂蜜填入小坑中。

使用的容器

- ✿ 直径约14厘米的高脚玻璃果盘
- ✿ 直径约18厘米的高脚玻璃果碟
- ✿ 直径约21厘米的高脚玻璃果碟
- ✿ 直径约17厘米的高脚玻璃果碟
- ● 约5厘米×7厘米的叶子形塑料小碟
- ◒ 直径约5厘米的塑料容器
- ✿ 直径约5厘米的带盖玻璃容器
- ✿ 约4.5厘米×4.5厘米×3.5厘米的玻璃容器

将大小不同的高脚玻璃果盘组合在一起，打造法式吐司盛宴

使用大小、高度不同的高脚果盘盛放料理，能突出餐桌的立体层次。

将蔬菜进行摆盘

将蔬菜按照种类进行摆盘，然后将嫩玉米及其他较长的蔬菜竖放在容器中。

将爬山虎缠绕在容器的脚上

绿色的植物缠绕在带脚的果碟上，二者相互映衬，非常漂亮。同时，我们也可以根据料理的种类，选择不同的日式风格的植物。

食谱

材料（4人份）

面包干、面包、油酥蛋糕、奶酪、迷迭香、鸡汤、橄榄油、果酱……各适量

煮熟的蔬菜（宝塔花菜、嫩玉米、荷兰豆）、樱桃番茄、小番茄……各适量

坚果、迷迭香、干培根、欧芹……各少许

做法

① 将面包干盛入高脚果碟，将盛有少许橄榄油的小碟也放入高脚果碟中。

② 把奶酪放在干面包、面包和油酥蛋糕上，用坚果和迷迭香装饰后放入高脚果碟，加入干培根和欧芹进行点缀。

③ 将煮熟的蔬菜、樱桃番茄、小番茄盛入高脚果碟中。

④ 食客可凭喜好蘸果酱或鸡汤食用。

把料理分成小份放在高脚玻璃果盘上，就像使用托盘一样

我们可以用较大的高脚玻璃果盘代替托盘。搭配透明小碟的摆盘方式能给人以舒畅、明净之感。

请参照P82“西式泡菜”的食谱

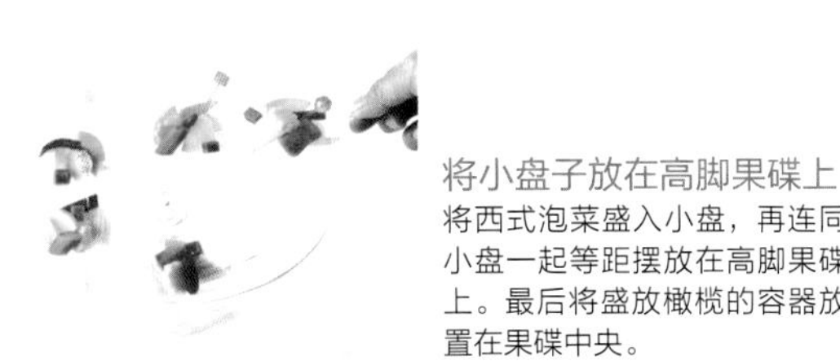

将小盘子放在高脚果碟上

将西式泡菜盛入小盘，再连同小盘一起等距摆放在高脚果碟上。最后将盛放橄榄的容器放置在果碟中央。

无论是用于外带便当、还是日常便当，摆盘效果都非常棒!

便当盒的摆盘

使用较大的便当盒以及具有一定深度且外表为椭圆形的食盒很难制作出漂亮的摆盘。接下来为大家介绍一些能够轻松利用便当盒打造出漂亮摆盘的技巧。

用一种米饭就能轻松制作出豪华的出游便当

用竹叶将什锦饭①包起来，然后将这种竹叶寿司风格的米饭叠放在便当盒中。仅如图片所示将其整齐地排列起来，就能使便当更加美观。

---

① 放入鱼肉、蔬菜等并添加作料做成的米饭

将较大的菜肴塞进椭圆形的食盒中，打造漂亮的摆盘

将较大的菜肴塞进没有隔板且较深的椭圆形食盒中，能够打造出漂亮的摆盘。利用小扦进行摆盘也是营造丰富视觉的秘诀之一。

多层套盒盛装的便当

用竹叶将米饭包起

将两片竹叶呈“十”字形交叉，然后把米饭（请参照P43的“秋鲑蘑菇饭”的制作方法）放在竹叶上，用竹叶将其包裹起来。

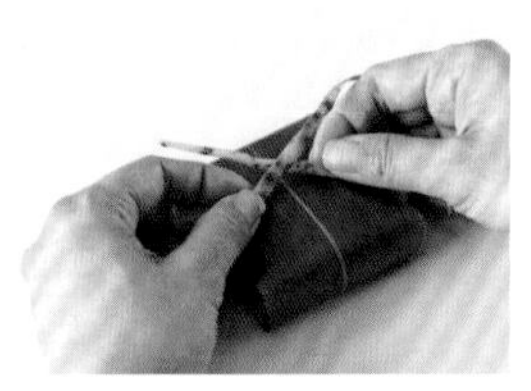

用竹皮系结

把包好的米饭翻转，将叶尖叠起，然后用竹皮将其捆起并系一个结。

使用的容器

- 约30厘米×30厘米，且高6厘米的涂漆多层食盒

椭圆形食盒盛装的便当

先将较大的食材摆盘

从靠近身体的一侧开始进行摆盘，先将较大的食材放入食盒。由于煮熟的鸡蛋容易滑动，所以要夹在两种食材中间。

将较长的食材竖放在食盒边缘

将较长的食材竖着摆放在食盒的最内侧。此外，用小扦串起鸡肉丸子能起到固定形状的作用，更便于我们进行摆盘。

食谱

小菜

煮熟的鸡蛋（撒少许黑芝麻）、煮熟的虾、煮熟的蚕豆、煮熟的西蓝花（加入芥子）、糖醋莲藕、酱烤山药串、鸡肉丸子、水煮蟹味菇、照烧鰤鱼、蛋皮、水煮牛蒡、红薯天妇罗、橙皮制成的小筐（筐中装有醋拌鲷鱼和凉拌油菜花）

使用的容器

- 约11厘米×17厘米、且高约5厘米的椭圆形食盒

第五章

甜点的摆盘

常见甜点的摆盘方式

通过精巧的摆盘方式，从商店买来的甜点也会变得更加诱人香甜！

使用松糕

小巧可爱的鲜奶油蛋糕

如果能用少许奶油和水果进行装饰的话，食客便会被它的甜美气息所吸引。

插入小扦后盛入容器

如果在放入水果时插入小扦，无论是拿起来还是将其放在窄口的容器中都十分方便。

使用的容器

- 直径约7厘米的带盖容器
- 直径约10厘米的木质盘子

食谱

材料（4 块蛋糕的分量）

用模具切成厚度约1厘米且直径约4厘米的圆形松糕片……8片

掼奶油[①]、红醋栗、蓝莓……各适量

做法

将掼奶油夹在2块松糕之间，再将少许掼奶油涂在松糕上，用红醋栗和蓝莓装饰后盛入容器即可。

---

① 掼奶油又称搅打稀奶油，是将稳定剂添加到含脂率5~7%的新鲜奶油中，再通过机械方法混入空气，使其膨胀而制成的一种乳制品

用玻璃容器对具有漂亮分层的葡萄酒蛋糕进行摆盘

将樱桃白兰地与草莓迅速拌匀，盛放时与奶油交替重叠。相比奶油蛋糕，这种蛋糕口感更加丰富。

在每两层松糕之间都涂满掼奶油

将掼奶油涂在松糕上。注意，摆放完成后，从侧面应该看不到两层奶油中间的松糕。

使用的容器

- 直径约10厘米且高约11厘米的玻璃杯
- 直径约8厘米且高约20厘米的玻璃杯
- 约31厘米 × 19厘米的陶瓷盘

食谱

草莓葡萄酒蛋糕

材料（4 块蛋糕的分量）

草莓……300克

樱桃白兰地……2汤匙

掼奶油……适量

厚度约1厘米且直径约4厘米的圆形松糕……8片

覆盆子……8粒

薄荷、糖粉……各少许

做法

① 将草莓大致切成块状并与樱桃白兰地混合拌匀。

② 将步骤①中的草莓同掼奶油、松糕依次放入容器中，反复两次。最后一次放入掼奶油时加入覆盆子和薄荷进行装饰，撒少许糖粉即可。

将可以用手指拿取食用的蛋糕干随意摆放在容器中

与面包干相比，蛋糕干的口感更清脆也更柔和。食用时再蘸少许巧克力，口感诱人，外表也更加美观。

蘸化开的巧克力

将巧克力隔水化开，然后用蛋糕干蘸少许化开的巧克力。依据个人喜好，也可以将整个蛋糕干都沾满巧克力。

使用的容器

- 约20厘米 × 10厘米的带底座的玻璃盘

食谱

蛋糕干

材料（4 块蛋糕的分量）

松糕、糖衣专用巧克力（白色和黑色）……各适量

做法

① 将松糕切成2厘米 × 2厘米 × 5厘米的小块，放入预热至100℃的烤箱中烤1小时，将蛋糕烤干。

② 将糖衣专用巧克力用隔水加热法化开，用蛋糕干蘸化开的巧克力。待巧克力凝固后盛入容器。

使用巧克力蛋糕

食谱

用水果的巧克力蛋糕

材料（4人份）

参考P87中“香橙巧克力圣诞树桩蛋糕”的制作方法制出巧克力蛋糕胚，然后将P147的“巧克力奶酪火锅”中的巧克力酱冷却，夹在蛋糕胚中制成巧克力蛋糕，或者直接买到巧克力蛋糕……12片

水果（凭个人喜好选取）……适量

覆盆子酱、薄荷、可可粉各少许

做法

① 把覆盆子酱塞入圆锥形纸袋（请参照P93的圆锥形纸袋的制作方法）中，在容器中画出点和线条。

② 将可可粉撒在巧克力蛋糕上。

③ 将巧克力蛋糕和水果盛入容器，再加入薄荷叶进行装饰。

描绘图案，打造轻松、休闲的装盘

先吃巧克力还是水果？思考食用顺序也是一种乐趣。

使用的容器

约15厘米×15厘米的陶瓷盘

将奶油与可可粉重叠，制成提拉米苏蛋糕

以巧克力蛋糕代替松糕，让咖啡渗透到巧克力蛋糕中去。浓浓的巧克力与奶油搭配起来口感极佳。

撒上可可粉

用手轻磕可可粉罐，将可可粉均匀地撒在蛋糕上。

使用的容器

- ✿ 约5厘米×5厘米且高约7厘米的塑料容器
- ◎ 约12厘米×25厘米的陶瓷

食谱

提拉米苏蛋糕

材料（便于调制的量）

巧克力蛋糕适量（依照P87中“香橙巧克力圣诞树桩蛋糕”的制作方法制出的巧克力蛋糕或直接在市面上可以买到的巧克力蛋糕。将巧克力蛋糕切成厚度约为5毫米的薄片，用模具切成圆形，使其直径比容器稍小一些）

马斯卡彭奶酪……250克

蛋黄……2个

蛋清……2个

细砂糖……50克

咖啡、可可粉……均适量

做法

① 将蛋黄和马斯卡彭奶酪分别打散，将马斯卡彭奶酪分次倒入蛋黄中，搅拌均匀。

② 把细砂糖分2~3次倒入蛋清中，搅拌出泡沫后与步骤①的混合物混合。

③ 将咖啡倒在巧克力蛋糕上，让咖啡渗透到巧克力蛋糕中。再将制好的咖啡巧克力蛋糕放入容器，盛入步骤②的混合物后撒些许可可粉即可。

将饼干轻轻摆在蛋糕上

用不同形状的饼干和除纯巧克力味以外的饼干装饰蛋糕也非常有趣。

使用的容器

- ✿ 直径约8厘米的树脂小碟
- ● 约10厘米×35厘米的金属盘

食谱

饼干三明治

材料（4块蛋糕的分量）

巧克力蛋糕4片（依照P87中“香橙巧克力圣诞树桩蛋糕”的制作方法制出的巧克力蛋糕或直接使用在市面上可以买到的巧克力蛋糕，将其切成厚度约1厘米的薄片，并用模具拓成直径约6厘米的圆形蛋糕片）

掼奶油……适量

香蕉……12片

覆盆子……16粒

饼干……4块

装饰用巧克力、糖粉……均适量

做法

① 将掼奶油盛放在巧克力蛋糕上，依次将3片香蕉、4粒覆盆子摆在奶油上，最后加入装饰用巧克力点缀即可。

② 在最上面放1块饼干，撒些许糖粉后摆盘即可。用同样的方法制作剩余3块蛋糕。

摆上饼干，打造点心店的蛋糕风格

巧克力、香蕉、覆盆子是口感绝佳的组合，接下来将它们盛入容器，摆成可爱的形状。各种形状的饼干可打造不同的摆盘。

使用冰激凌

食谱

冰激凌小甜点

材料（均为适量）

冰激凌、果酱（均凭个人喜好选取）

做法

将冰激凌在室温下融化，待其融化至稍稍变软后盛于冰镇容器中。将冷藏至略微凝固的果酱放在冰激凌上即可。

盛入满满的果酱直至容器边缘

将冰激凌盛入容器中，盛到八九分满，加入果酱，将容器盛满。

用浆果和芳香醋[1]汁制作巴菲[2]

巴菲略微的酸味能使人心情愉悦，是一款符合成年人口味的甜点。再浇上满满的酱汁，就可以开动了。

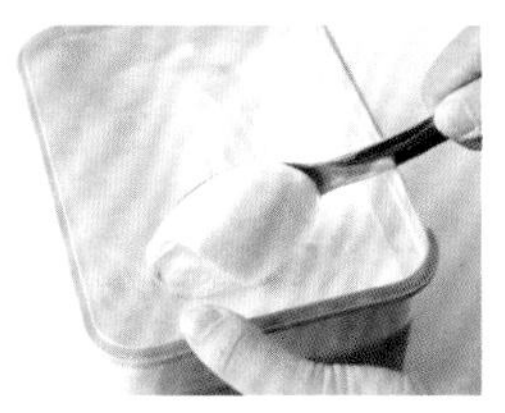

用汤匙由后向前挖出冰激凌

将冰激凌在室温下待其变软，将汤匙浸湿，横着从后向前挖出冰激凌。

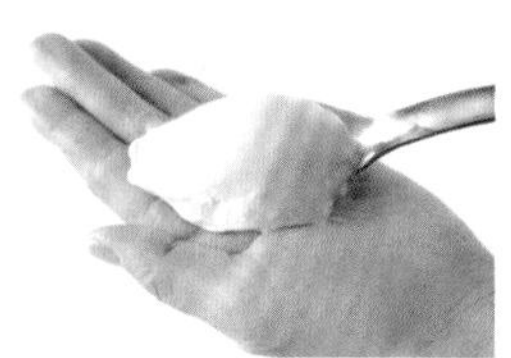

加热汤匙的底部令冰激凌融化

将汤匙的底部放在手掌中，利用手掌的温度使冰激凌稍稍融化至能在容器中滑动。

食谱

带有芳香醋香气的浆果酱

材料（便于调制的量）

芳香醋、蜂蜜……各50毫升

草莓、蓝莓、覆盆子等浆果类（也可将其冷藏）……50克

冰激凌……适量

水果……适量

做法

① 将芳香醋和蜂蜜混合煮沸，煮出气泡后加入浆果，放入冰箱冷藏。

② 将水果盛入容器。

③ 将冰激凌盛入容器，倒入步骤①的混合物后，加入水果进行装饰。

使用的容器

- 直径约10厘米、高约9厘米且带有凹槽的玻璃容器
- 直径约8厘米的玻璃小盘
- 直径约17厘米的玻璃盘

用冰激凌勺将冰激凌摆盘

将松饼挖出一个与冰激凌勺大小相同的小坑，将冰激凌挖出后填入小坑中。

食谱

加入冰激凌的可丽饼

材料（4人份）

可丽饼（将3个蛋黄打散，加入100克低筋面粉和1茶匙发酵粉搅拌均匀，倒入100克牛奶和用2个蛋清与40克细砂糖制成的蛋白酥皮并搅拌均匀，烤熟即可）4块，冰激凌、抹茶、抹茶粉、水果、小茶糕[3]、盐均适量

做法

用刷子沾取抹茶在容器中画图。然后在可丽饼的正中间挖取一个深约1厘米的凹槽，将冰激凌填入其中。在冰激凌上撒些许抹茶粉，加入水果、小茶糕和盐进行装饰。

备受欢迎的装饰方法——将冰激凌放在甜点顶部

将冰激凌轻轻放在可丽饼上，就能够制作出外形可爱的甜点。也可以用抹茶粉代替可可粉，撒在冰激凌上。

使用的容器

- 约31厘米×9厘米的陶瓷盘
- 长约12厘米的调羹
- 直径约4厘米且高约7厘米的塑料容器

---

① 一种产于意大利北部，由葡萄汁制成的香醋

② 来源于法语Parfait的音译，也被称为冰淇淋水果冻

③ 又称珍贝酥糕，是一种加入了大量黄油，并放入贝壳模具中制成的贝壳形蛋糕

使用各式甜点

用小巧的糯米团子制作富有春季气息的甜点

加入盐渍樱花能够将糯米团子装扮成高级鲜点心[①]的样子。此外，也可以放入礼品盒中当作简单的礼物送给亲朋好友。

加入盐渍樱花

将糯米团子盛入容器中，用盐渍樱花进行装饰。

使用的容器

- 约4.5厘米×4.5厘米×3.5厘米的玻璃容器
- 约30厘米×10厘米×0.6厘米的石盘

食谱

材料（便于调制的量）

糯米团子……适量

盐渍樱花（去除盐分）与糯米团子数量相同

做法

将糯米团子盛入容器后，加入盐渍樱花进行装饰。

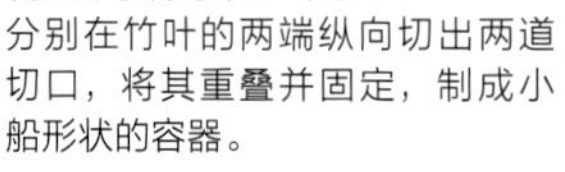

剪切竹叶的两端，用订书机将这两端订在一起

分别在竹叶的两端纵向切出两道切口，将其重叠并固定，制成小船形状的容器。

用竹叶包裹水羊羹进行摆盘时，需先将水羊羹放在竹叶上，再用竹叶将水羊羹包裹起来，将竹叶的两端重叠并穿入小扦进行固定。

食谱

材料（均为适量）

水羊羹、柠檬皮蜜饯

做法

用模具将水羊羹拓出形状，再盛入到铺着竹叶的容器中，最后用柠檬皮蜜饯进行装饰即可。

使用的容器

- 直径约15厘米的玻璃盘

将水羊羹放在竹叶上，打造清爽的摆盘外观

只需铺一张竹叶，就能轻松制作出宴会风格的水羊羹。可自由选择自己喜欢的配料，放在水羊羹上进行装饰。

① 有馅的、含有水分且不宜长期保存的点心

使芒果布丁浮在椰子汁上

只需要制作椰子汁，就能轻松打造出一道亚洲风格的甜品。此外，我们也可以依照个人喜好加入芒果果肉和木薯淀粉。

将枸杞放在芒果布丁上进行装饰

红色的枸杞能为料理增添些许色彩，十分美观。加入薄荷和浆果也能使摆盘更加可爱。

使用的容器

- 直径约11厘米的玻璃碗
- 约12厘米×12厘米的玻璃盘

食谱

材料（便于调制的量）
芒果布丁……适量
酱汁A（椰子汁150毫升，细砂糖1汤匙，炼乳2汤匙）
枸杞……适量
做法
① 将酱汁A所需材料混合并开火加温，待其稍稍温热后放入冰箱冷却。
② 将步骤①的混合物倒入容器，盛入芒果布丁。将枸杞放在布丁上进行装饰。

食谱

材料（均为适量）
葛根凉粉、猕猴桃、芒果、糯米丸子（加入草莓果酱制作而成的糯米丸子）、红糖汁、最中[①]的酥皮、豆制点心
做法
① 用竹扦将猕猴桃、芒果和糯米丸子串起来。再把豆制点心放在最中的酥皮上。
② 将葛根凉粉盛入容器，摆入步骤①的串和红糖汁即可。

使用的容器

- 直径约9厘米的玻璃容器
- 直径约12厘米的陶瓷盘
- 长约12厘米的陶瓷调羹
- 约4厘米×4厘米×4厘米的玻璃容器

用竹扦将水果和糯米汤圆串起来

将水果和糯米丸子切成大小相同的小块会更具协调感。

将配料放在葛根凉粉上，为其增添色彩

将颜色和形状都十分可爱的点心放入料理中，就可以将简单的蕨根粉变成待客用的甜点。

① 日本传统点心名，外皮由糯米制成，烤得薄酥，内馅是细腻的红豆沙馅

水果的摆盘方式

水果的颜色和形状能让摆盘显得更加可爱。

盛放糖渍水果

玫瑰果茶泡出的果汁颜色十分鲜艳

糖渍果品中果汁的颜色鲜亮美丽，只需简单装点就可以打造出造型精美的宴会甜点。

使用的容器

- 约13厘米×13厘米且高约13厘米的玻璃容器
- 约15厘米×15厘米的玻璃盘

将小扦插入水果中

当摆盘的外观略显单薄时，就可以用小扦改变其外观。随意插入几根小扦能使摆盘更具动态感。

加入薄荷为料理增添色彩

薄荷的绿和玫瑰果的红色彩对比十分强烈。又因为二者搭配起来香味极佳，所以可以多加一些薄荷进行装饰。

食谱

用玫瑰果茶制成的糖渍水果

材料（便于调制的量）

玫瑰果茶……400毫升
白砂糖……4汤匙
蜂蜜……2汤匙
樱桃白兰地……2汤匙
水果（依照个人喜好选取）……200克
薄荷……适量

做法

① 将白砂糖和蜂蜜倒入玫瑰果茶中待其溶化，放入水果稍煮片刻，煮好后加入樱桃白兰地，并放入冰箱冷却。
② 从冰箱取出后盛入容器，加入薄荷进行装饰。

将糖渍水果的果汁制成果冻

使用与糖渍水果一样的材料制成果冻状的甜点。果冻的颜色非常漂亮，所以一定要将其盛入玻璃容器中。

食谱

玫瑰果果冻

材料（4人份）

“用玫瑰果茶制成的糖渍水果”中的果汁……300毫升

“用玫瑰果茶制成的糖渍水果”中的水果……适量

明胶粉……5克

酸橙……4片

薄荷……少许

做法

① 将明胶粉倒入1汤匙水（材料外）中并泡发。

② 加热“用玫瑰果茶制成的糖渍水果”中的果汁，煮至快要沸腾时关火。将泡发的明胶粉倒入果汁中，与果汁完全融合，待其冷却凝固后盛入容器。最后加入水果、酸橙和薄荷进行装饰即可。

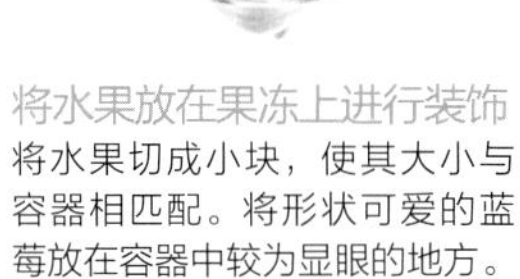

将水果放在果冻上进行装饰

将水果切成小块，使其大小与容器相匹配。将形状可爱的蓝莓放在容器中较为显眼的地方。

使用的容器

- 直径约9.5厘米且高约15.8厘米的玻璃杯

盛放在水果制成的小篮子

挖出酸橙和柠檬的果肉，打造初夏风格的甜点

将酸橙制成带把手的小篮子。切开柠檬，制成外形像花椒一样的日式餐具。为制作出初夏风味的甜点，可以加入甜煮蚕豆进行装饰。

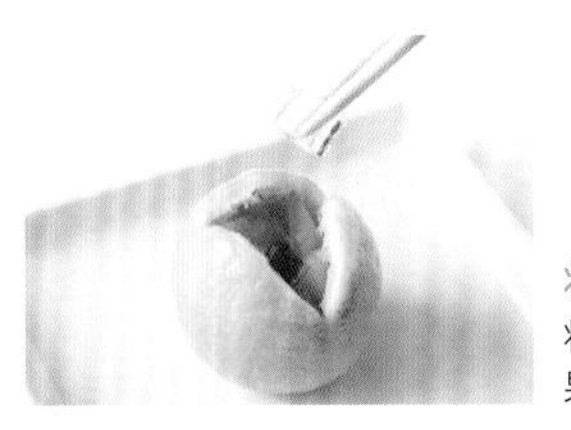

将果冻塞入小篮子里

将果冻塞入小篮子里，然后把水果放在其中较为显眼的地方。

使用的容器

约15厘米×15厘米的玻璃盘

食谱

夏季的水果篮

材料（4人份）

柠檬、酸橙……各2个
白砂糖……100克
琼脂……30克
白兰地……1茶匙
水果（依照个人喜好选取）、甜煮蚕豆……各适量
薄荷……少许

做法

① 将白砂糖和琼脂充分混合，一边倒入250毫升的热水（材料外）一边将其搅拌均匀。倒入白兰地迅速放入冰箱冷藏，待其凝固后取出，将其切成适当的大小。
② 挖出柠檬和酸橙的果肉（参照左图），将步骤①的混合物、水果和甜煮蚕豆盛入其中，用薄荷进行装饰。
※琼脂，是以海藻为原料制成的凝固剂。

盛入暖色系的水果中

将以柿子为首的葡萄、红醋栗等暖色系的水果放在一起，能够营造秋天的氛围。

使用的容器

约15厘米×15厘米的漆制盘

食谱

材料（4个柿子的量）

柿子……4个
白砂糖……100克
琼脂……30克
白兰地……1茶匙
水果（依照个人喜好选取）……适量
黑豆……4里
银箔……少许

做法

① 依照上文中的“夏季的水果篮”的制作方法①制作果冻。
② 挖出柿子的果肉，将果冻、挖出的柿子果肉、水果盛入其中，然后放入黑豆和银箔进行装饰。
※琼脂，是以海藻为原料制成的凝固剂。

将代表秋季味道的葡萄塞入柿子做成的容器中

以柿子为容器，能够瞬间提升料理的温和感。在暖色系的水果中放入黑豆，能制造出极大的反差感。

盛放巧克力奶酪火锅

奶酪火锅中的水果散落在容器中，就像漂亮的宝石一样

用甘纳许巧克力酱①在容器中画出曲线，营造出动态感。此外，我们也可以邀请客人一起享受摆盘的乐趣。

① 甘纳许，英文名为Ganache，是把半甜的巧克力与鲜奶油一起，以小火慢煮至巧克力完全化开的状态，期间还要不断地搅动，使可可的质地尽量变得柔滑。经过繁复精细的制作过程后，完整凝聚了芳香浓郁的气息的巧克力，口感微湿

插入竹扦，烘托摆盘的高度

将竹扦插入水果以衬托摆盘的高度，从而打造丰富的摆盘形象。

使用的容器

- 约30厘米×30厘米的玻璃盘
- 约8.2厘米×8.2厘米且高约3.5厘米的陶瓷容器
- 直径约6厘米且高约4厘米的带底座的小玻璃盘子
- 直径约12厘米的奶酪火锅专用锅

食谱

巧克力奶酪火锅

材料（4人份）

甘纳许巧克力酱（将150克甜巧克力切碎，用隔水加热法化开后加入150克生奶油搅拌均匀）、水果（依照个人喜好选取）、饼干……均适量

香草、装饰用巧克力……各少许

做法

① 把甘纳许巧克力酱倒入奶酪火锅专用的锅中，开火加热。

② 将化开的甘纳许巧克力酱放入容器后，再将水果摆入盘中，放入饼干、香草和装饰用巧克力进行装饰。

③ 将甘纳许巧克力酱装进圆锥形纸袋中，在容器中画盘（圆锥形纸袋的制作方法请参照P93）。

水果篮的制作方法

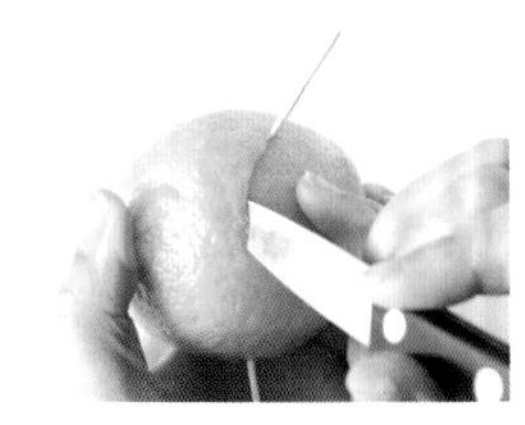

用竹扦做好标记后切出较深的刀痕

用手托着柠檬的底部，然后用竹扦沿着柠檬外侧做出三个标记，使标记两两之间距离相等。用刀沿着标记切出较深的刀痕，初步切成篮子的形状。

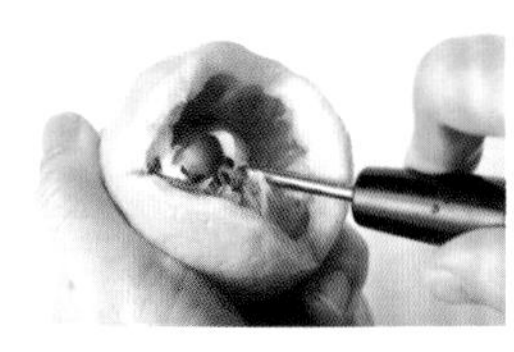

剥下柠檬皮，挖出柠檬的果肉

沿着刀痕将多余的柠檬皮剥下，再用挖果器挖出果肉。

留下把手，将酸橙的一半切下

将酸橙横向摆放，切下少量底部的酸橙皮，确保能够稳定摆放。切出高度与半个酸橙相同的把手，切除酸橙的上半部分，只留下把手。

将酸橙的果肉和皮分开

用刀切入酸橙的果肉和皮之间，挖出果肉。同时，也要将把手部分的果肉挖出来。

营造宴会气氛

餐巾的多种折叠方法

如果要追求更加完美的料理摆盘的话，餐桌的布置也是我们需要注意的地方。
在对餐桌进行布置时，餐巾是能起到关键装饰作用的装饰用品。只需将餐巾叠起来，就能打造出餐厅风格的用餐氛围。

层次优美且拥有立体感的折叠方法

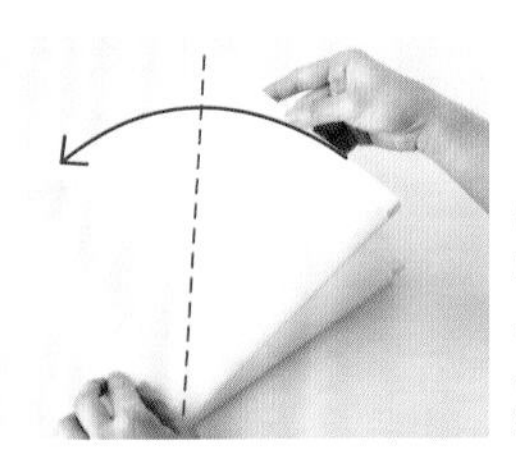

将餐巾折成 4 层
将餐巾从前向后对折，然后从左向右再次对折，折成4层。再将右手边的角向左对折，与对角重合。

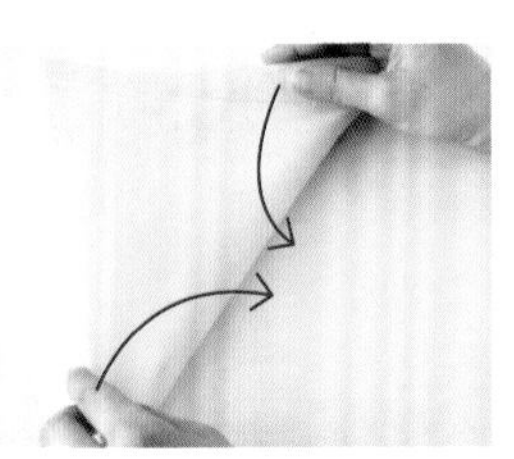

左右两边向中间对折
将三角形餐巾的左右两边向中间对折，将角折向靠近我们的位置。

把多余的部分折向背面
将餐巾下部边缘多余的三角部分折向背面。

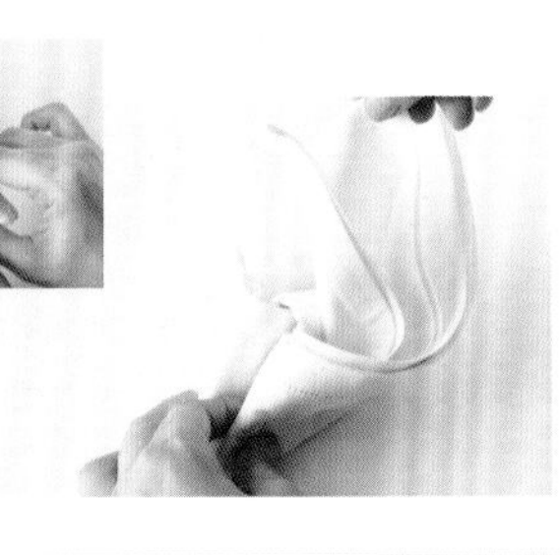

将餐巾纵向对折并理出褶皱
沿着餐巾的折痕将餐巾纵向对折，然后从餐巾的最内侧开始理出褶皱。

仅仅是折成三角形，也能给人以时尚感

将餐巾折成三角形

调整餐巾的方向，将餐巾摆成菱形。将靠近身体一侧的角向上对折，折成三角形。

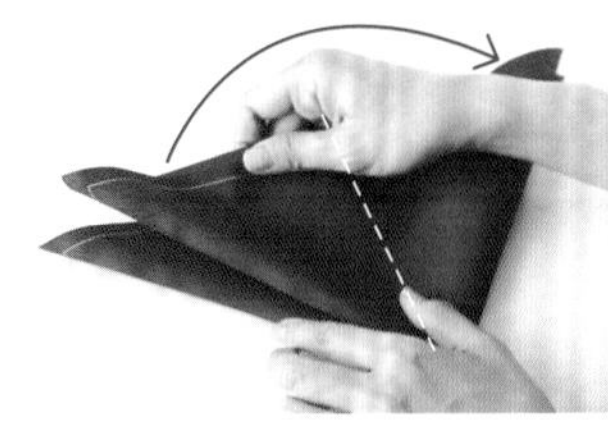

稍稍错开三角形后并对折 2 次

先将餐巾右边的角向左侧对折，对折时将靠近我们的角稍稍错开一些。将已经对折的三角形再次向右侧对折，对折时同样需要将其错开。

细长蜡烛餐巾折法

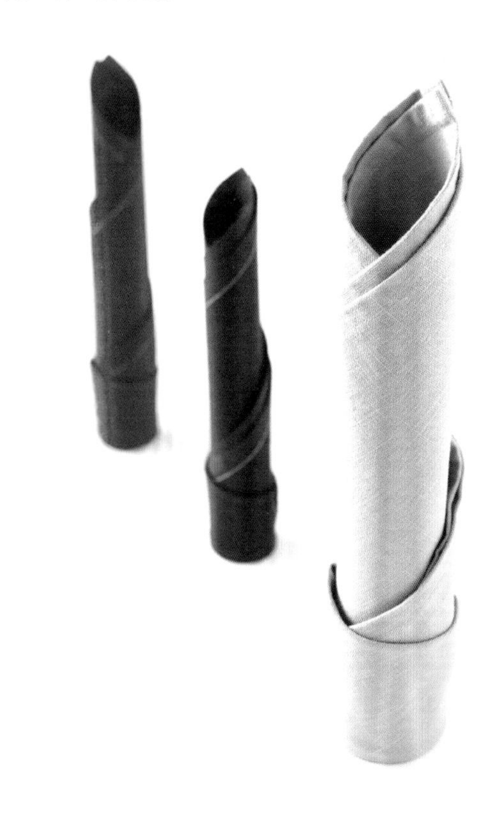

将叠成三角形的餐巾向上折

调整餐巾的方向，将餐巾摆成菱形。将靠近身体一侧的角向上对折，与上面的角重叠，并将叠成三角形的餐巾向上折几厘米。

将三角形餐巾翻面，从折起部分的底端开始向上卷

将三角形餐巾翻面，从底端开始向上卷，卷餐巾时注意防止其形状被破坏。最后将多余的部分折进折痕里即可。

富有美感的实用小工具

在摆盘过程中，摆盘工具是必不可少的，从常见的到少见的，多种多样，数不胜数。

下面为大家介绍一些较为便利的摆盘小工具。

摆盘专用筷

与普通的筷子相比，摆盘专用筷的尖端更加尖细。由于尖细的筷子容易夹取食物，且能有效防止食物滑落，所以更便于我们对较小的菜肴进行摆盘。

使用摆盘专用筷的话，即使是小而轻薄的花椒芽也能轻松夹起。

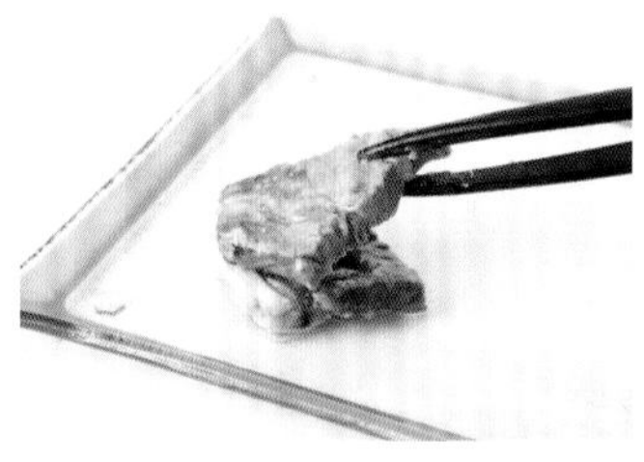

如果用夹子夹食材，即便是较为柔软的炖煮料理也不会被夹碎。

夹子

如果需要夹起食物，夹子是非常方便好用的工具。大到像肉等这样较重的食物，小到如蔬菜这样较轻的食物，夹子都能帮助我们将其归置齐整。

刨丝器

在对已完成的料理进行摆盘时通常需要使用刨丝器，如西餐中常常使用刨丝器擦奶酪等。照片中所展示的是棒状刨丝器，在对日式料理进行摆盘时可直接用它擦柑橘类食材的皮撒在食物上。

将擦成丝的奶酪轻轻撒在食物上，以提升摆盘的美感。

葡萄柚水果勺[1]

当需要将酱汁滴在容器中进行摆盘时，顶端较细的尖头勺就很实用。葡萄柚水果勺容易购买且用起来很方便，因此推荐大家使用。

① 一种四周带有锯齿的尖头勺，可以轻松挖出葡萄柚及其他水果的果肉

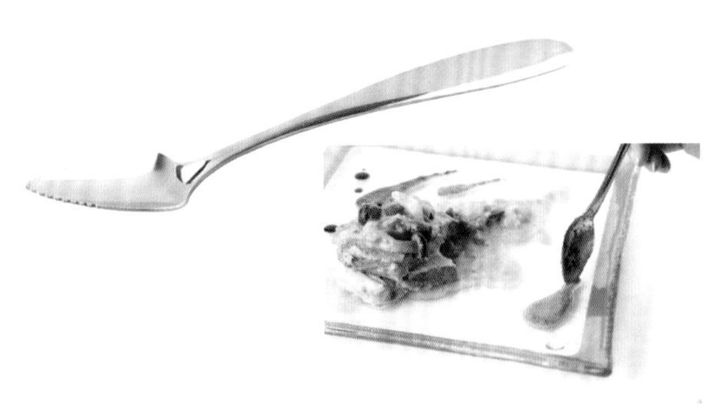

将适量的酱汁滴在容器中，用勺尖沾着酱汁画盘。

竹扦

在所有竹扦中，极细的虾扦最适合用来摆盘。虾扦用途广泛，既可以将其插入料理进行摆盘，也可以用其蘸取酱汁画盘。

摆盘时将细竹扦（虾扦）插入柔软的料理中，可防止料理碎裂。

用竹扦可更准确地将适量装饰用的金箔和银箔粘在料理上。

圆形汤匙（长柄勺）

当需要将容器中的酱汁延展开时，可以使用专门的圆形汤匙。如果只需要延展少量的酱汁，直径约3厘米的小汤匙就足够了。

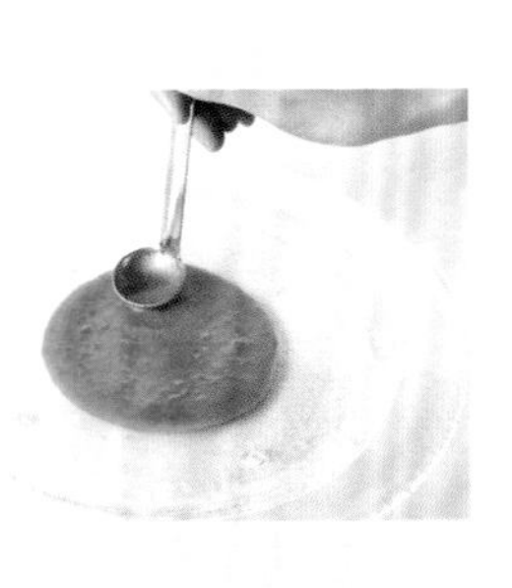

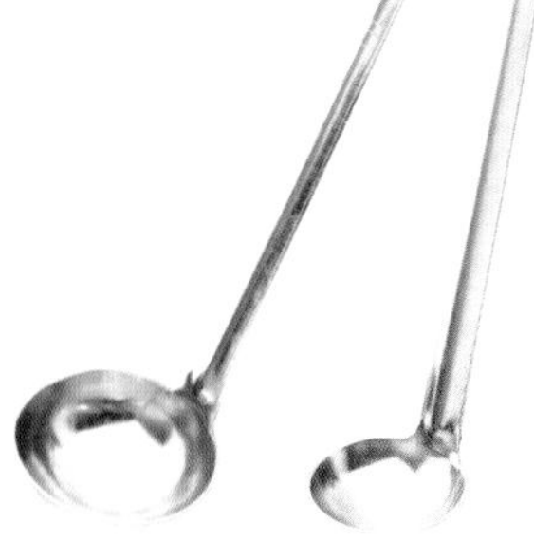

只需用竹扦沾取酱汁向旁边划动，就可以描绘出纤细的线条。

锅铲

用锅铲更容易将煎锅或烤箱里的烤肉和烤鱼取出。铲身和铲柄之间具有一定角度的锅铲，能在取出食材时保证食材的美观和完整，而且在盛盘时不易弄脏容器。

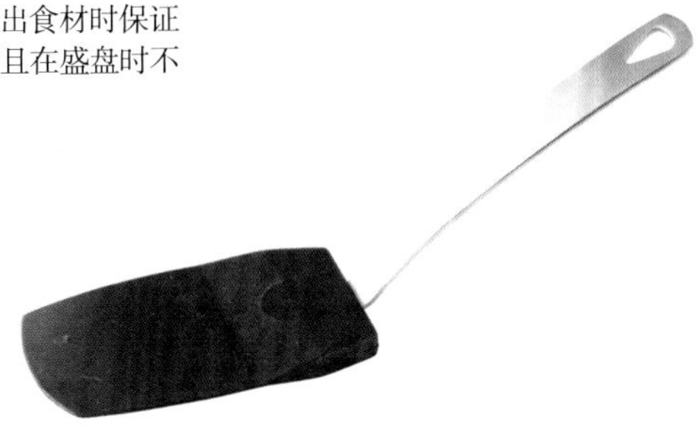

拓型的模具

用于拓型的模具种类繁多且形状各异，除花朵和叶子形外，还有羽毛毽拍[①]等能反映出季节特征的图案及形状。

枫叶和银杏形状的配菜，展现秋季风情。

柠檬去皮器

柠檬去皮器是一种能将柠檬和酸橙的皮剥成螺旋状的工具。将刀刃紧紧贴在柠檬的皮上，稍微用力就可以剥下柠檬的皮。

一边用力使去皮器的刀刃插入皮中，一边拉动去皮器将皮剥下。

挖果器

需要将蔬菜挖成小球时可使用挖果器。其尺寸多种多样，直径为1厘米的挖果器便于制作浮在汤面上的食材。图中所示的挖果器直径为9毫米。

将用挖果器制成的球形黄瓜和球形芜菁放在料理中作为装饰，会显得十分可爱。

肉钩黄油刮刀

肉钩黄油刮刀是一种能将黄油刨成贝壳形状的工具。使用时先用刀刃抵住黄油，然后向下用力并向身体一侧拉动刮刀，将黄油刨成小卷。重复2次即可刨成贝壳形状。

将黄油在室温下放置片刻，化黄油较柔软，更容易被刨下。

---

① 又称“子板”，是一种长方形带柄的板，一般在过年时玩球类游戏时所使用

环形模具

环形模具是一种没有底的模具，除了可以塞入不成形的料理对其进行塑形外，也可以用于制作点心。圆形的环形模具非常受欢迎，但除此之外还有许多其他不同形状的环形模具，如正方形、长方形等。

只需将蔬菜配菜塞入环形模具中，就能打造出具有餐厅风格的料理。

量饭器

木质的米饭模具。即使是简单的白米饭，使用量饭器塑形且加入芝麻进行装饰的话也能变得豪华。量饭器的形状多为梅花形和扇形等吉祥喜庆的形状。

将沾染了粉色的米饭放入量饭器制成梅花的形状，打造充满春季气息的摆盘。

卷帘

卷帘是制作粗卷寿司时必不可少的工具。也可以在需要将煎鸡蛋趁热卷起并整理形状时使用。

煎蛋模具

用模具将煎蛋煎成长条状，然后趁热夹出待其冷却，将冷却后的煎蛋切成小片，用葫芦型模具制成的煎蛋切面为葫芦形。利用这种模具能够轻松制作出可爱的便当小菜。

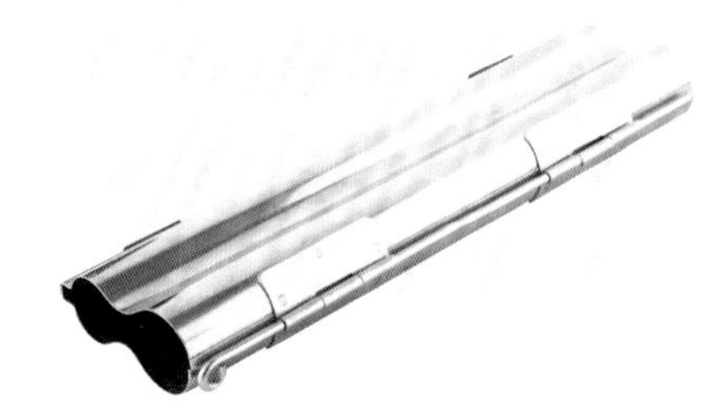

水落管型模具

水落管型模具多在制作陶罐料理时使用。使用体型较小的水落管型模具可以轻松制作出少量的料理。图片所示模具为12.5厘米×8.5厘米且高6厘米，容量为440毫升的水落管型模具。

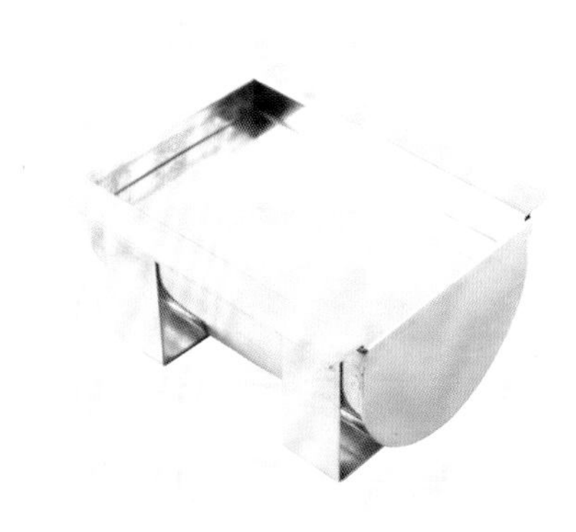

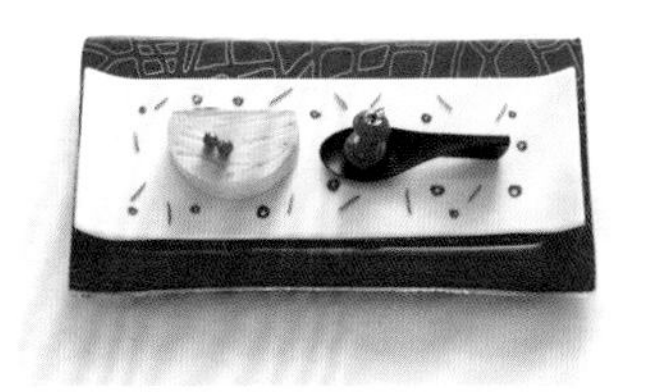

将常见食材放入水落管型模具，蒸好后可使料理摇身一变为宴会料理。

映衬盘中景的小道具

餐桌小道具是摆盘过程中必不可少的装饰道具，它们的加入能将我们的餐桌变得更加华丽。

下面为大家介绍一些选择提升餐桌宴会氛围小道具的要点。

简单的白色或透明的调羹是装点容器的极佳道具。汤匙不仅广泛用于中华料理，在盛装日式料理的作料和西餐的小菜时，也能常常看到调羹的身影。

将白色的调羹盛放在盘子中，更显食材的鲜嫩。

收集不同形状的汤匙和调羹十分有趣

汤匙和调羹用处广泛，不仅可以用来舀取食物，也可以将其分开摆放，当作像豆碟一样的容器使用。

收集形状相同但颜色不同的汤匙和调羹也十分有趣。可以将细长的汤匙盛放在肉类料理和意大利面上进行装饰，也可以用来添加盐、胡椒粉和面粉屑等食材。

这是一组带有新月、满月等各种月亮的图案的调羹。其柄部后端稍稍突起，不易滑动，可以立在容器的内侧，也可以靠在容器的边缘。

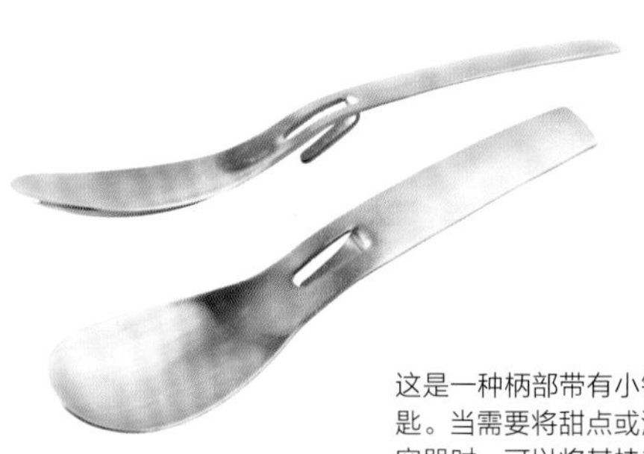

这是一种柄部带有小钩的细长形汤匙。当需要将甜点或沙拉盛入玻璃容器时，可以将其挂在容器边缘，提升摆盘的时尚感。

如果需要将料理盛入玻璃容器，选用钩状汤匙就会十分方便。

将日式清酒杯当做豆碟使用非常方便

当需要将料理分成小份分别摆盘时，最佳选择就是带有许多可爱图案的日式清酒杯。只需将较大的清酒杯与几个盘子组合在一起，就能营造出别致的摆盘效果。

这是一组九谷烧[①]的古董清酒杯和玻璃清酒杯。将喜欢的清酒杯一个个收集起来也能令人心情愉悦。

① “九谷烧”是彩绘瓷器，因发源于日本九谷而得名，距今已有350年历史

这是一对颜色不同的玻璃公筷。其表面带有凹凸不平的螺旋状波纹，简单却又个性十足。

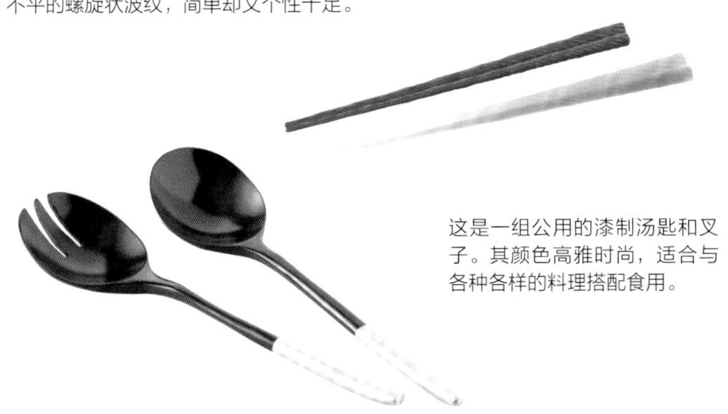

这是一组公用的漆制汤匙和叉子。其颜色高雅时尚，适合与各种各样的料理搭配食用。

用公筷、公用的汤匙和叉子搭配简单的容器

只要容器的外形和颜色朴素淡雅，无论什么种类的容器都可以与公用的筷子和汤匙进行搭配，轮流使用这种公筷和汤匙十分方便。如果你家的储物空间尚有空余，不妨多收集一些个性十足的公筷和公用汤匙。

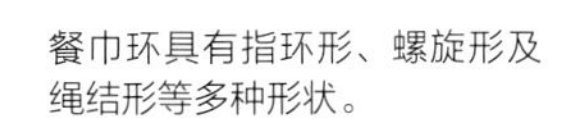

餐巾环具有指环形、螺旋形及绳结形等多种形状。

如果用餐人数较多，选用玻璃挂饰会效果显著

玻璃挂饰是一种能挂在杯脚上，方便人们区分自己杯子的小道具。我们可以提前准备好不同的玻璃挂饰，让客人能够依据个人喜好进行选择。

将玻璃挂饰套在卷起的餐巾纸中，能轻松布置出可爱的摆盘风格。

能够轻松营造宴会氛围的餐巾环

所谓餐巾环，是套在卷起的餐巾上的实用小道具，能营造出宴会风格料理。不同颜色和形状的餐巾环，能打造出正式或简约等不同的风格的料理。

混用不同类型的筷枕乐趣无穷

将略有不同的筷枕混在一起使用也丝毫没有影响，它就像一种游戏项目，十分有趣。筷枕精美小巧且不会占用太多的收藏空间，所以不妨多收集一些，尽情享受组合搭配的乐趣。

鹤形的筷枕不仅十分可爱，还具有防止筷子滑落的作用。

收集款式相同但颜色不同的筷枕也十分有趣。

将玻璃筷枕、陶瓷筷枕、陶制筷枕组合在一起使用，使筷枕大小一致，即使材质不同也能营造出一种整体感。

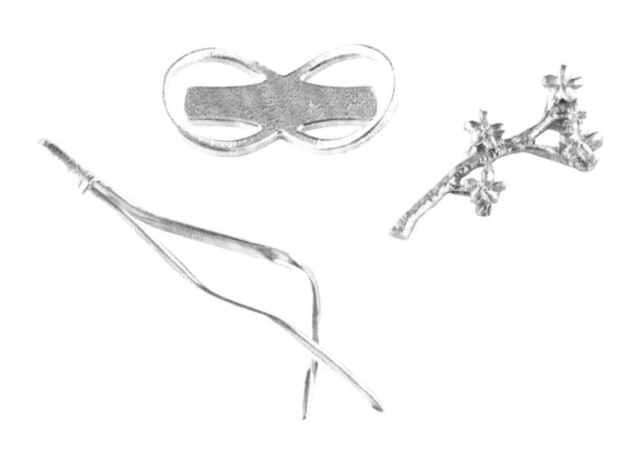

这是一组由锡制成的筷枕。其精美细致的工艺格外引人注目。

这是一组别致的中国风筷枕。除了摆放筷子外，也可以将其放在餐桌上作为装饰用品使用。

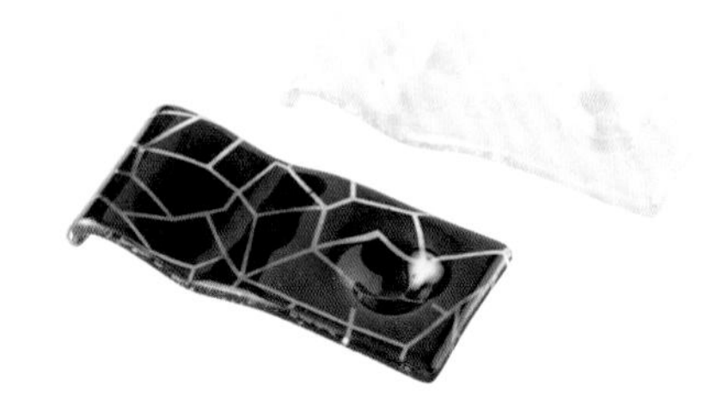

这是一组玻璃筷枕。因为带有凹槽，所以除了筷子之外还可以摆放汤匙。

将汤豆腐的调料盛入筷枕，也能营造出可爱的摆盘风格。

这是一组颜色不同的玻璃筷枕。这种筷枕也能当做豆碟使用。

刀叉架能为料理营造出餐厅的氛围

制作西餐时人们大多会提前准备一套刀叉架。与筷枕相比，刀叉架较大，所以将同类型的刀叉架组合在一起更能突出统一感。

图为玻璃刀叉架。其细致精美的设计非常美观。

我们可以在准备西餐中的套餐时配置一个刀叉架。先将刀叉架横放在容器上方，开始使用餐具后就可以将餐具放在刀叉架上了。

图为用麻编制的餐垫。圆形的垫子富有大自然的色彩，能为料理增添柔和的元素。

图为网格垫。与布制的午餐垫相比，其带有针状的孔，能给人以紧密、严实的感觉。

用午餐垫突出料理的统一感

如果小菜数量较多且为形状各异，使用午餐垫就非常方便。只需铺一张午餐垫就能突出料理的整体协调感。它是我们日常餐桌上必不可少的实用小道具。

如果想让餐桌给人以热闹丰盛的感觉，可以使用色彩鲜艳的撞色桌布。

桌布的长度和宽度也是多种多样的。我们可以选择适合餐桌大小的桌布。

桌布能使餐桌氛围更加融洽

细长形的桌布能轻松营造出餐桌的整体感，使用起来也非常方便。桌布的线条能使餐桌形象变得规整。

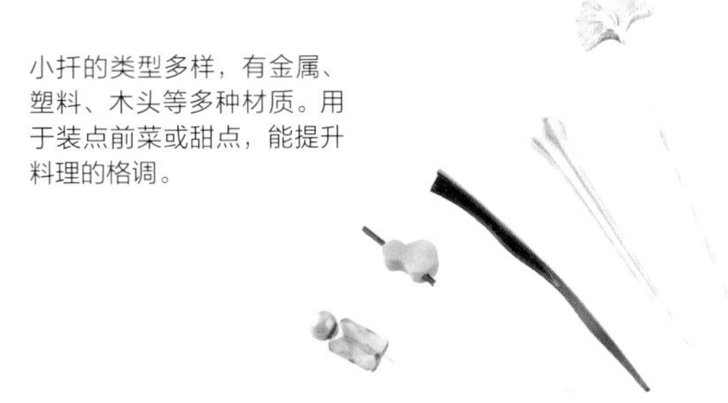

小扦的类型多样，有金属、塑料、木头等多种材质。用于装点前菜或甜点，能提升料理的格调。

用小扦营造动感的摆盘形象

当需要将形状相同的料理摆放在一起时，插入小扦可以为料理营造高度，且细长的小扦能使料理的形象发生变化。

在小扦的把手一侧插入水果和甜点也是一个不错的创意。

插入小扦的麻团不仅食用起来更加方便，外表也变得更加美观。

料理食谱（P6~P9）

博洛尼亚风格的肉酱意大利面

使用的容器

- 直径约30.7厘米的陶瓷容器

用叉子卷起意大利面进行摆盘

用叉子叉起意大利面，然后将其放在汤匙上，将其卷成一团并盛入容器。

淋上酱汁后擦取些许奶酪撒在意大利面上

将奶酪撒在容器中。不仅要撒在意大利面上，容器边缘和意大利面四周都要撒到。

食谱

材料（4人份）

意大利……320克

混合肉馅（将牛肉和猪肉混合在一起绞成的肉馅）……30克　培根……40克

洋葱……1个　胡萝卜……1根

芹菜……1根

番茄罐头……1罐（400克）

番茄酱……30克

白葡萄酒……150毫升

月桂叶……1片　欧芹茎……适量

橄榄油……适量　盐、胡椒粉……各适量

葱芽、帕尔玛奶酪……均适量

做法

① 将洋葱、胡萝卜、芹菜切碎。锅中倒入橄榄油，将洋葱碎、胡萝卜碎和芹菜碎炒熟。

② 将培根切碎。将培根和混合肉馅倒入锅中一同翻炒，加入白葡萄酒、番茄罐头、番茄酱、水（材料外）、月桂叶和欧芹茎炖1小时。煮好后加入盐和胡椒粉调味。

③ 将意大利面放入加了适量盐的开水中煮熟，提前2分钟用笊篱捞出。捞出后与步骤②中的酱汁混合并开火煮，煮到面条筋道后盛入容器。撒些许葱芽、帕尔玛奶酪，并滴少许橄榄油进行装饰。

马铃薯炖肉

使用的容器

- 直径约28厘米且高约13厘米的陶制钵

由内向外依次将食材摆盘

依次盛入食材。将马铃薯、洋葱等较大的食材放在容器的最里面，将肉放在靠近身体的一侧且显眼的位置。

将花椒芽放在马铃薯炖肉的中央

盛放时将其轻轻地且分次放在料理上，以突出摆盘的高度。

食谱

材料（4人份）

牛肉块……200克　马铃薯……2个

胡萝卜……1/2根　洋葱……1/2个

姜末……少许　日本酒……50毫升

白砂糖……2汤匙　酱油……3汤匙

色拉油……适量

胡萝卜（用模具切出形状且煮熟）1片

嫩豌豆（尚未成熟可连豆荚一起吃的豌豆）……5~6片

花椒芽……适量　芝麻……少许

做法

① 将洋葱切块、马铃薯和胡萝卜切成适当的大小。

② 锅中倒入适量色拉油，油热后放入牛肉块、洋葱块和姜末，翻炒片刻后加入马铃薯块、胡萝卜块继续翻炒。加入日本酒和200毫升水（材料外）煮沸，撇去汤中的浮沫，再煮7分钟左右。煮至蔬菜变软，加入白砂糖和酱油并盖上锅盖，煮20分钟后盛入容器。

③ 将嫩豌豆煮至变色并切成细丝，放入容器中，放入胡萝卜片，撒少许芝麻并加入花椒芽进行装饰。

牛油果塔塔酱沙拉

使用的容器

约27厘米×27厘米的玻璃盘

将塔塔酱沙拉塞入环形模具中

将牛油果塔塔酱沙拉倒在环形模具（直径约10厘米）的中央，然后向四周按压。

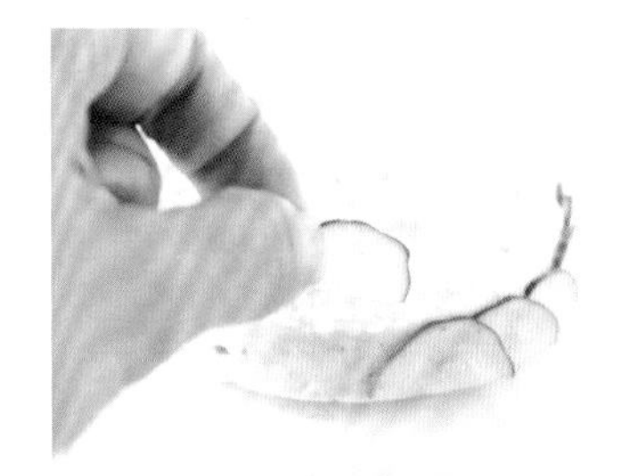

用切成薄片的黄瓜进行装饰

将切成半月形的黄瓜贴在塔塔酱沙拉的四周进行装饰，其中相邻两片黄瓜的一半重叠在一起。

食谱

材料（4人份）
牛油果……1/2个　蟹肉……100克
洋葱……30克　苹果……50克
蛋黄酱……30克
食材A（萝卜、胡萝卜、黄瓜、嫩豌豆、甜菜）……共120克
酸醋调味汁（参照P78“炭烤鲷鱼和夏季蔬菜”的制作方法）……适量
黄瓜（装饰用）……1根
意大利香芹、罗勒酱（参照P78“炭烤鲷鱼和夏季蔬菜”中的制作方法②）、番茄酱（参照P61“马斯卡彭凉番茄意大利面”中的制作方法①）、小番茄……少许

做法
① 将牛油果、苹果大致切成小块，将洋葱切碎。
② 倒入蛋黄酱并搅拌均匀。
③ 把装饰用的黄瓜切成半月形。
④ 将食材A全部切丝，倒入酸醋调味汁拌匀。
⑤ 将步骤②的混合物盛入容器并贴上黄瓜片进行装饰。盛入蔬菜丝，加入意大利香芹、罗勒酱、番茄酱和小番茄进行装饰。

奶油蟹肉丸，加入稍微炖煮过蔬菜进行装饰

使用的容器

直径约28.3厘米的陶瓷盘

将炖煮好的蔬菜塞入长方形的环形模具中

把炖煮好的蔬菜倒入长方形环形模具（约4厘米×10厘米）的中央，然后向四周按压。

将蔬菜摆盘后加入莳萝进行装饰

先把较大的蔬菜盛入容器中，摆放时注意蔬菜两两之间的间距要相等。蔬菜摆放好后加入莳萝，并在蔬菜之间滴几滴橄榄油进行装饰。

食谱

材料（8个蟹肉丸子的分量）
蟹爪肉（冷冻）……8根
洋葱……60克
黄油……30克
低筋面粉……30克
牛奶……240克
低筋面粉、打匀的鸡蛋、加入欧芹的面包屑均……适量
煎炸油……适量
食材A（洋葱50克，马铃薯1个，胡萝卜80克，豆角5根）
橄榄油2汤匙
白葡萄酒醋……2汤匙
盐、胡椒粉……各少许
食材B（芙果蕨、宝塔花菜、毛豆、食荚豌豆均适量）
莳萝……少许

做法
① 将食材A中所有的蔬菜切成小块，用橄榄油炒熟后倒入白葡萄酒醋炖煮，用盐和胡椒粉调味。将食材B中的蔬菜焯熟。
② 将洋葱切碎并用黄油炒软，加入低筋面粉继续翻炒，炒好后关火。倒入牛奶，与炒好的低筋面粉搅拌均匀，再次开火炖煮。煮好后将其分为8等份，分别放在保鲜膜上延展开。
③ 撒些许白葡萄酒在冷冻的蟹爪肉上，加入适量香草的茎（材料外）并用保鲜膜包起来，放入电烤箱中解冻。将解冻的蟹爪肉沾满低筋面粉并用②包裹起来，依次沾取低筋面粉、搅匀的蛋液和放入香芹的面包屑后放入冰箱冷藏。
④ 锅中倒入煎炸油，油温较低时放入步骤③的混合物，将火调大，把蟹肉丸子炸酥脆。
⑤ 将步骤①、步骤④的混合物盛入容器，加入莳萝和橄榄油进行装饰。

图书在版编目（CIP）数据

让餐桌更有魅力的摆盘技巧 /（日）宫泽奈奈著；李汝敏译. —北京：中国轻工业出版社，2024.6

ISBN 978-7-5184-2231-9

Ⅰ. ① 让… Ⅱ. ① 宫… ② 李… Ⅲ. ① 拼盘－菜谱－日本 Ⅳ. ① TS972.183.13

中国版本图书馆 CIP 数据核字（2018）第 250893 号

责任编辑：卢　晶　　责任终审：劳国强　　整体设计：锋尚设计

策划编辑：高惠京　　责任校对：晋　洁　　责任监印：张京华

出版发行：中国轻工业出版社（北京鲁谷东街 5 号，邮编：100040）

印　　刷：北京博海升彩色印刷有限公司

经　　销：各地新华书店

版　　次：2024年6月第1版第8次印刷

开　　本：787 × 1092　1/16　印张：10

字　　数：250 千字

书　　号：ISBN 978-7-5184-2231-9　定价：58.00元

邮购电话：010-85119873

发行电话：010-85119832　010-85119912

网　　址：http://www.chlip.com.cn

Email：club@chlip.com.cn

240759S1C108ZYW